生态文明建设与食品安全

张观发 主编

华中科技大学出版社
http://www.hustp.com
中国·武汉

图书在版编目（CIP）数据

生态文明建设与食品安全/张观发主编.—武汉：华中科技大学出版社，2019.4

ISBN 978-7-5680-4835-4

Ⅰ.①生… Ⅱ.①张… Ⅲ.①生态环境建设—关系—食品安全 Ⅳ.①TS201.6

中国版本图书馆 CIP 数据核字（2019）第 047556 号

生态文明建设与食品安全

Shengtai Wenming Jianshe yu Shipin Anquan

张观发 主编

策划编辑：王京图
责任编辑：李 静
封面设计：傅瑞学
责任校对：梁大钧
责任监印：徐 露
出版发行：华中科技大学出版社（中国·武汉）　电话：（027）81321913
　　　　　武汉市东湖新技术开发区华工科技园　邮编：430223
录　排：北京雅盈中佳图文设计制作有限公司
印　刷：北京富泰印刷有限责任公司
开　本：710mm×1000mm　1/16
印　张：15.75
字　数：261 千字
版　次：2019 年 4 月第 1 版　2019 年 4 月第 1 次印刷
定　价：76.00 元

主　编

张观发

副主编

孙　建　孙陈光　高志丹　袁美玲　杨卫民

编写单位

食品安全普法办公室

北京明园大学食品安全学院

前　言

　　生态文明建设功在当代、利在千秋。党的十八大首次将生态文明建设与经济建设、政治建设、文化建设、社会建设并列纳入五位一体总体布局。五年来，我国大力度推进生态文明建设，全党全国贯彻绿色发展理念的自觉性和主动性显著增强，生态文明建设成效显著，中国绿色发展为世界贡献了中国方案。党的十九大提出我们要建设的现代化是人与自然和谐共生的现代化，既要创造更多物质财富和精神财富以满足人民日益增长的美好生活需要，又要提供更多优质生态产品以满足人民日益增长的优美生态环境需要。

　　生态产品（食品）主要来源于生态农业。当前我国正处在从石油农业向生态农业转变的关键时期，积极发展生态农业，融贯古今、中西合璧、探索发展，是建设中国及国际特色生态农业的理论创新和现实选择。中医是中华民族的瑰宝，"中医农业"将中医原理和方法应用于农业领域，实现现代农业与传统中医的跨界融合，优势互补，集成创新，能够为农产品产地水、土、气提供立体污染综合防控，改善产地环境，促进动植物健康生长，保障农产品的有效供给和质量安全，是我国乃至世界农业可持续发展的崭新路径。

　　品牌是企业乃至国家竞争力的综合体现，代表着供给结构和需求结构的升级方向。中国农产品"两品两地"（也叫二品二地，即绿色食品、有机食品和国家地理标志、生态原产地）、安全食品标准的提出与制定，对中国农业发展具有重要意义。

生态原产地产品保护制度的制定，是贯彻生态文明发展理念、增强生态产品生产能力、推动中国生态产品品牌国际化的一项战略行动。生态原产地产品保护品牌建设为特色农产品的生产和品牌提升提供了一个可信、可靠的国际标准平台，推进了区域特色品牌建设，形成了一批具有国际影响力的中国优质生态产品品牌。生态原产地产业扶贫是以生态原产地保护产品（食品）品牌为依托，通过品牌引领发展贫困地区生态产品，集成地域生态旅游、生态文化资源，打造生态集群和生态经济，实现贫困地区深度扶贫、精准脱贫。例如： 以安徽颍东区、金寨县国家级贫困县为重点区域，开展生态原产地品牌及产业扶贫工程，集成并推广面向各区域的农业技术体系，提高我国贫困地区的生态扶贫效益； 在全国政协扶贫点国家级贫困县的安徽新河湾农业开发有限公司通过红薯、小麦种植和山羊养殖发展农业循环经济，促进了乡村经济振兴和农业绿色发展。

　　建设生态文明是中华民族永续发展的千年大计。我们一定要更加自觉地珍爱自然，更加积极地保护生态，促进人与自然的和谐共处，建设美丽中国，迈向社会主义生态文明新时代。《生态文明建设与食品安全》一书，汇集了国内有关生态与食品安全方面的专家学者关于生态文明建设的实践经验和理论创新，具有较强的指导性和实用性，对构筑尊崇自然、绿色发展的生态体系具有一定的指导和参考价值。

中国农业科学院原副院长、教授（博士生导师）

章力建

2018 年 2 月 24 日

序　言

党的十九大胜利闭幕，习近平新时代中国特色社会主义思想已写入党章，并且写进了宪法。新时代带给人们新愿景，美丽中国让人们充满期待。党的十九大报告指出，到本世纪中叶把我国"建成富强民主文明和谐美丽的社会主义现代化强国"。

我们要建设的现代化是人和自然和谐共生的现代化，既要创造更多物质财富和精神财富以满足人民日益增长的美好生活需要，也要提供更多优质生态产品以满足人民日益增长的优美生态环境需要。①

在建设生态文明的时代背景下，在以人民为中心的发展思想指引下，要实施全民健康战略，提供更多优质生态产品与生态食品，需更加关注食品安全，以提升民众的食品安全法律意识，提高民众的食品安全认知水平，因此，在以往关注、学习和研究的基础上，我们对与生态文明建设及食品安全相关的某些重要的文件资料，进行了搜集、汇总和整理，编著了《生态文明建设与食品安全》（以下简称《概述》）一书。书中主要阐述了生态文明建设、实施全民健康战略、食品安全三者之间的关系，在此基础上得出食品安全对于生态文明建设的重要性。本书选择了如保健食品、功能性食品、生态食品、食品添加剂以及食品加工和包装等内容，简要论述了其概念、分类与安全管理内容，对学界仍然持有争议的医用食品、转基因食品等没有涉及。

---

① 参见习近平：《决胜全面建成小康社会　夺取新时代中国特色社会主义伟大胜利》（单行本），人民出版社，2017年10月第1版。

本书还增加了一些新内容，如生态食材与生态餐馆等。《概述》有一定的前瞻性、指导性，可用作培训教材或科普读物。

由于编者水平有限，加之时间仓促，错误之处在所难免，恳请专家、学者以及广大生态文明建设的志愿者、促进者提出宝贵意见，以便使本书不断得到修改完善，为我国生态文明建设作出贡献。

北京明园大学食品安全学院生态产品（食品）研究院

2018 年 10 月

目录 CONTENTS

第一编 | 生态文明与制度建设

第一章 导论 / 2

第一节 生态文明的定义、缘起与发展 / 2

第二节 马克思主义经典作家生态文明思想论述摘要 / 4

第三节 我国生态文明建设思想的历史演进 / 5

第四节 新时代生态文明新思想、新论断、新要求 / 7

第五节 生态文明建设与全民健康战略 / 8

第六节 食品安全是一种生态文明 / 9

第二章 生态学基础理论 / 11

第一节 环境与自然资源的概念 / 11

第二节 生态学基本知识 / 16

第三节 环境问题 / 19

第三章 生态文明体制改革 / 24

第一节 生态安全立法 / 24

第二节 生态文明体制改革 / 27

第三节 建立以国家公园为主体的自然保护地体系 / 29

第四章 生态环保相关法律、法规 / 32

第一节 中华人民共和国民法总则 / 32

第二节　中华人民共和国物权法 / 34

第三节　中华人民共和国环境保护法 / 36

第四节　中华人民共和国水污染防治法 / 39

第五节　中华人民共和国土地管理法 / 43

第六节　中华人民共和国大气污染防治法 / 46

第七节　中华人民共和国土壤污染防治法 / 49

第八节　商务部、中央文明办、发改委、教育部、生态环境部等九部门
　　　　《关于推动绿色餐饮发展的若干意见》/ 50

第九节　《餐饮服务食品安全操作规范》/ 53

第五章　生态环保相关制度 / 55

第一节　生态环保制度的指导原则 / 55

第二节　生态环保相关制度 / 56

第六章　国家生态原产地产品保护 / 70

第一节　生态品牌 / 70

第二节　国家生态原产地产品保护的践行 / 73

第七章　国家生态原产地产品保护示范区建设 / 76

第一节　生态示范区建设 / 76

第二节　国家生态原产地产品保护示范区建设 / 79

第三节　部门联动，共促发展 / 86

第八章　中医农业——中国特色生态农业 / 87

第一节　中医农业引领我国未来生态农业发展方向 / 87

第二节　中医农业是中国特色生态农业 / 88

第三节　中医农业与生态农业内涵外延的一致性分析 / 89

第四节　中医农业的践行 / 91

第五节　发展中医农业的政策建议 / 94

第九章　生态食材与生态餐馆 / 97

第一节　生态食材与生态餐馆的概念 / 97

第二节　全国生态食材与生态餐馆评定 / 98

第二编 ｜ 生态食品与安全

第十章 中国食品文化与食品安全概述 / 104

    第一节 中国古代食品文化与食品安全概述 / 104

    第二节 中国现代食品文化与食品安全概述 / 107

    第三节 中国当代食品文化与食品安全 / 108

第十一章 食品安全标准及检测 / 109

    第一节 食品安全标准体系 / 109

    第二节 ISO9000 和 ISO22000（食品安全管理体系）

          的建立与实施 / 114

    第三节 食品安全检测 / 118

第十二章 安全食品及消费升级 / 121

    第一节 安全食品的概念与种类 / 121

    第二节 安全食品的监管 / 122

    第三节 消费升级新模式 / 123

第十三章 保健食品及其安全 / 125

    第一节 保健食品的概念 / 125

    第二节 保健食品的功能及分类 / 126

    第三节 中国保健食品的发展阶段及发展方向 / 127

    第四节 保健食品安全管理 / 129

第十四章 功能性食品及评定 / 134

    第一节 功能性食品的概念及分类 / 134

    第二节 功能因子 / 135

    第三节 功能性食品常用生产技术与评价 / 137

第十五章 生态食品及其安全 / 139

    第一节 生态食品的概念 / 139

    第二节 生态食品的判断标准 / 144

    第三节 生态食品的安全生产条件 / 144

第十六章　食品添加剂与食品安全 / 145

　　第一节　食品添加剂的定义、分类与作用 / 145

　　第二节　食品添加剂的发展历史与现状 / 149

　　第三节　食品添加剂的发展趋势与新技术应用 / 151

　　第四节　食品添加剂与食品安全 / 152

第十七章　食品包装材料及其安全性 / 154

　　第一节　食品包装的概念和意义 / 154

　　第二节　食品包装材料的性能要求及发展趋势 / 155

　　第三节　食品包装的种类、安全问题与管理 / 157

第十八章　其他食品调味品饮品的安全问题 / 161

　　第一节　油炸食品的安全问题 / 161

　　第二节　酱油与味精的安全问题 / 162

　　第三节　酒类的安全问题 / 164

　　第四节　辐照食品的安全问题 / 166

第十九章　学好《食品安全法》，保障舌尖上的安全 / 167

　　第一节　制定食品安全法的基本原则 / 167

　　第二节　我国食品安全规范监督历程 / 171

　　第三节　2015 年版《食品安全法》与 2009 年版《食品安全法》

　　　　　　比较分析 / 176

主要参考书目 / 240

第一编

生态文明与制度建设

第一章　导论

第一节　生态文明的定义、缘起与发展

一、生态文明的定义

生态文明是人类文明发展的一个新的阶段，即工业文明之后的文明形态。生态文明是人类遵循人、自然、社会和谐发展这一客观规律而取得的物质与精神成果的总和。生态文明是以人与自然、人与人、人与社会和谐共生、良性循环、全面发展、持续繁荣为基本宗旨的社会形态。从人与自然和谐发展的角度说，其定义是：生态文明是人类为保护和建设美好生态环境而取得的物质成果、精神成果和制度成果的总和，是贯穿于经济建设、政治建设、文化建设、社会建设全过程和各方面的系统工程，反映了一个社会的文明进步状态。从人类社会发展的角度来看，生态文明是人类与自然实现协调发展的社会系统。生态文明是人类社会发展过程中的新文明阶段，是建立在知识、教育和科技高度发达基础上的文明，强调自然界是人类生存与发展的基石，明确人类社会必须在生态系统原理基础上与自然界相互作用、共同发展，人类的经济社会才能持续发展，因而，人类与生存环境的共同进化就是生态文明，生态文明不再是纯粹的社会经济发展系统，而是一个人与自然和谐相处共同可持续发展的人类文明系统。

二、人类文明的历史演进与生态文明的缘起和发展

迄今为止，人类文明大致可以分为四个阶段。

第一阶段是原始文明，即人类匍匐在自然脚下阶段。在石器时代，人们必须依赖集体的力量才能生存，物质生产活动主要靠简单的采集渔猎，为时上百万年。

第二阶段是农业文明，即人对自然的初步开发阶段。铁器的出现使人改变自然的能力产生了质的飞跃，为时一万年。

第三阶段是工业文明，即人类以自然的"征服者"自居阶段。18 世纪英国工业革命开启了人类现代化生活，为时三百年。

第四阶段是生态文明，即人与自然的协调发展阶段。20 世纪 50 年代以来，以全球气候变暖、土地沙漠化、森林退化、臭氧层被破坏、资源枯竭等为特征的生态危机日渐凸显，人们开始对工业文明进行分析和批判，并且重新审视人与自然之间的关系。

1962 年，美国生物学家蕾切尔·卡逊出版了《寂静的春天》一书，对第二次世界大战后化学杀虫剂和除草剂的使用所造成的土壤污染情况作了翔实的报道，认为 DDT（一种有机氯类杀虫剂）不仅对害虫有杀伤作用，同时对害虫的天敌以及传粉昆虫等对人类有益的鸟类虫类也有杀伤作用，因而打乱了生物界相互制约和相互依赖的相对平衡。该书也阐明了人类同大气、海洋、河流、土壤、动物之间的密切关系，揭示了污染对生态系统的影响，唤起了人们对公共环境的更多关注。

1972 年，联合国在斯德哥尔摩召开了人类环境会议，其会议报告题为《只有一个地球》，副标题是《对一个小小行星的关怀和维护》。该报告在前言中指出："实际上联合国对这次会议的要求，显然是要确定我们应当干些什么，才能保持地球不仅成为现在适合人类生活的场所，而且将来也适合子孙后代居住。"①1992 年，在巴西里约热内卢召开的联合国环境与发展大会上，183 个国家、102 位国家元首和政府首脑、70 个国际组织就可持续发展的道路达成共识，正式通过了《环境与发展宣言》（又称《地球宪章》）。《地球宪章》的发表，标志着尊重自然的生态文明时代真正拉开了序幕。生态文明时代的到来作为一种共识逐渐确立起来，与此相适应，人们的生态思维也应运而生，核心内容是把人与自然、人与自然资源之间的关系列为人类社会发展的前提条件，在发展经济的同时，必须兼顾自然资源的可持续性以及可持续发展能力。

至此，国际社会以文件的形式在生态文明意识方面达成了共识，共同致力于生态文明建设，我国也积极致力于生态文明建设。

---

①　巴巴拉·沃德、雷内·杜博斯主编：《只有一个地球：对一个小小行星的关怀和维护》，石油工业出版社，1981 年版。

第二节　马克思主义经典作家生态文明思想论述摘要

马克思、恩格斯多次论述人和自然的关系，指出人类本身就是自然界长期演化进化的产物。自然界是人类生命之源、衣食之源，为人类的生存和发展提供必需之物，因此，应合理开发自然，在尊重自然的基础上能动地改造自然。人与人的关系与人与自然的关系是相互制约的，违反自然规律，"只会带来灾难"。马克思在《1844年经济学哲学手稿》中指出："自然界，就它本身不是人的身体而言，是人的无机身体。人靠自然界生活。这就是说，自然界是人为了不致死亡而必须与之不断交往的人的身体。所谓人的肉体生活和精神生活同自然界联系，也就等于说自然界同自身相联系，因为人是自然界的一部分。"①

恩格斯指出："我们必须时时记住：我们统治自然界，决不能像征服者统治异民族一样，决不像站在自然界之外的人一样——相反地，我们连同我们的肉、血和头脑都属于自然界，存在于自然界的；我们对自然界的整个统治，是在于我们比其他一切动物强，能够认识和正确运用自然规律。"②

马克思早在1847年就提到："农民的耕种如果自发地进行，而不是有意识地加以控制……接踵而来的就是土地荒芜，像波斯、美索不达米亚等地以及希腊那样。"③

恩格斯在《劳动在从猿到人转变过程中的作用》一文中指出："动物仅仅利用外部自然界，单纯地以自己的存在来使自然界改变；而人则通过他所作出的改变来使自然界为自己的目的服务，来支配自然界。这便是人同其他动物的最后的本质的区别，而造成这一区别的还是劳动。但是我们不要过分陶醉于我们对自然界的胜利。对于每一次这样的胜利，自然界都报复了我们。……我们对自然界的整个统治，是在于我们比其他一切动物强，能够认识和正确运用自然规律。"④

---

① 马克思：《1844年经济学哲学手稿》，人民出版社，2000年版。
② 马克思、恩格斯：《马克思恩格斯选集》第3卷，人民出版社，1972年5月第1版。
③ 马克思、恩格斯：《马克思恩格斯全集》第32卷，人民出版社，1974年版。
④ 马克思、恩格斯：《马克思恩格斯选集》第3卷，人民出版社，1972年5月第1版。

18 世纪 60 年代到 19 世纪 30 年代，工业革命先后在英国、法国和德国等几个主要的资本主义国家相继发生和完成。马克思、恩格斯对资本主义社会蕴含的生产力给社会发展带来的积极方面给以充分的肯定，但这并不足以掩盖资本主义工业对大自然的摧残掠夺，他们指出：如"蒸汽机的第一需要和大工业中差不多一切生产部门的主要需要，都是比较纯洁的水，但是工厂城市把一切水都变成臭气冲天的污水"①，"到处都是死水洼，高高地堆积在这些死水洼之间的一堆堆的垃圾、废弃物和令人作呕的脏东西不断地发散出臭味来染污四周的空气，而这里的空气由于成打的工厂烟囱冒着黑烟，本来就够污浊沉闷的了。"②

第三节　我国生态文明建设思想的历史演进

我们党在革命、建设、改革发展的各个历史时期都十分重视生态文明建设。20 世纪 90 年代以来，我国始终坚持把可持续发展作为基本国策，从 1991 年起，中央每年都召开专门会议，研究人口、资源、环境问题，江泽民同志说："我们所以坚持这样做，就是因为这些工作实在太重要了，而且任务艰巨，必须抓得紧而又紧。"③应该看到，由于中央的高度重视，经过坚持不懈的努力，在经济社会发展和人民生活水平不断提高的同时，我国的人口、资源、环境工作取得了很大的进展，但也应看到，我国人口、资源、环境工作仍然面临许多亟待解决的问题，人口、资源、环境状况与经济社会发展还很不协调，因此，在社会主义现代化建设中，必须把贯彻实施可持续发展战略始终作为一件大事来抓。"经济发展，必须与人口、环境、资源统筹考虑，不仅要安排好当前的发展，还要为子孙后代着想，为未来的发展创造更好的条件，决不能走浪费资源和先污染后治理的路子，更不能吃祖宗饭、断子孙路。"④

江泽民同志于 2001 年 7 月在庆祝中国共产党成立 80 周年大会上的讲话和 2002 年 3 月在中央人口资源环境工作座谈会上的讲话都反复强调，一定要高

---

① 马克思、恩格斯：《马克思恩格斯选集》第 3 卷，人民出版社，1972 年 5 月第 1 版。
② 马克思、恩格斯：《马克思恩格斯全集》第 2 卷，人民出版社，1957 年版。
③ 江泽民：《江泽民文选》第 3 卷，人民出版社，2006 年版。
④ 江泽民：《江泽民文选》第 1 卷，人民出版社，2006 年版。

度重视并切实解决经济增长方式转变的问题，按照可持续发展的要求，正确处理经济发展同人口、资源、环境的关系，促进人和自然的协调与和谐，努力开创生产发展、生活富裕、生态良好的文明发展道路。在江泽民同志的重视下，2002年11月，党的十六大正式将"可持续发展能力不断增强，生态环境得到改善，资源利用效率显著提高，促进人与自然的和谐，推动整个社会走上生产发展、生活富裕、生态良好的文明发展道路"写入党的十六大报告，并作为全面建设小康社会的四大目标之一。这实际上已经表达了生态文明建设的思想。

在2005年召开的中央人口资源环境工作座谈会上，胡锦涛同志就已经使用了"生态文明"这一术语。他提出，我国当前环境工作的重点之一便是"完善促进生态建设的法律和政策体系，制定全国生态保护规划，在全社会大力进行生态文明教育"。在当年年底出台的《国务院关于落实科学发展观加强环境保护的决定》中也明确要求环境保护工作应该在科学发展观的统领下"依靠科技进步，发展循环经济，倡导生态文明，强化环境法治，完善监管体制，建立长效机制"。

2008年1月29日，胡锦涛同志在中共中央政治局第三次集体学习时明确提出"贯彻落实实现全面建设小康社会奋斗目标的新要求，必须全面推进经济建设、政治建设、文化建设、社会建设以及生态文明建设，促进现代化建设各个环节、各个方面相协调，促进生产关系与生产力、上层建筑与经济基础相协调"。对比他2007年在新进中央委员会的委员、候补委员学习贯彻党的十七大精神研讨班上讲话的相关内容，我们可以看到，在其他表述基本一致的前提下，生态文明建设开始与其他四项建设一起成为中国特色社会主义事业总体布局的构成部分。此后，类似的提法一再出现。2008年9月19日，他在全党深入学习实践科学发展观活动动员大会暨省部级主要领导干部专题研讨班上强调"我们必须走生产发展、生活富裕、生态良好的文明发展道路，全面推进社会主义经济建设、政治建设、文化建设、社会建设以及生态文明建设，努力加快实现以人为本、全面协调可持续的科学发展"。2008年12月15日，《在纪念中国科协成立五十周年大会上的讲话》中他提出"我们要深入贯彻落实科学发展观，全面推进社会主义经济建设、政治建设、文化建设、社会建设以及生态文明建设，更好推进改革开放和社会主义现代化建设，更好应对来自国际环境的各种风险和挑战，迫切需要提高决策科学化、民主化水平"。2009年9月29日，《在国务院第五次全国民族团结进步表彰大会上的讲话》中，他强调在加快少数民族和民族地区发展问题上，要"采取更加有力的措施，显著加快民族地区经济社会发展，显著加快民族地区保障和改善民生进程，全面推进民族地区社会主义经济建设、政治建设、文化建设、社会建设以及生态文明建设，维护各族人民根本利益，让各族人民共享改革发展成果"。

胡锦涛同志在党的十七大报告中，首次明确提出了建设生态文明的目标，明确将其列为 2020 年实现全面建设小康社会奋斗目标的五大新要求之一。在党的十八大报告中则首次确立了尊重自然、顺应自然、保护自然的生态文明理念，首次将生态文明建设纳入现代化建设"五位一体"总布局。

第四节　新时代生态文明新思想、新论断、新要求

习近平同志在党的十九大报告中指出，"建设生态文明是中华民族永续发展的千年大计。必须树立和践行绿水青山就是金山银山的理念，坚持节约资源和保护环境的基本国策，像对待生命一样对待生态环境，统筹山水林田湖草系统治理，实行最严格的生态环境保护制度，形成绿色发展方式和生活方式，坚定走生产发展、生活富裕、生态良好的文明发展道路，建设美丽中国，为人民创造良好生产生活环境，为全球生态安全作出贡献。""我们要建设的现代化是人和自然和谐共生的现代化，既要创造更多物质财富和精神财富以满足人民日益增长的美好生活需要，也要提供更多优质生态产品以满足人民日益增长的优美生态环境需要。"

2013 年 5 月 24 日，习近平同志在中共中央政治局第六次集体学习时强调，要实施重大生态修复工程，增强生态产品生产能力。绿色消费是顺应时代发展形势而产生的科学的理性消费模式。它强调人们在消费过程中要具有生态意识，注重环保，节约资源。

习近平总书记指出，保护生态环境必须依靠制度、依靠法治。只有实行最严格的制度、最严密的法治，才能为生态文明建设提供可靠保障。一定要彻底转变观念，就是再也不能以国内生产总值增长率论英雄了。如果生态环境指标很差，一个地方一个部门的表面成绩再好看也不行，不说一票否决，但这一票一定要占很大的权重。①

---

① 引自习近平总书记在十八届中央政治局第六次集体学习时的讲话。

第五节　生态文明建设与全民健康战略

一、生态文明建设的最终受益者是人民群众

建设生态文明，关系人民福祉，关乎民族未来，是中华民族永续发展的千年大计。党的十九大报告提出"加快生态文明体制改革，建设美丽中国"，强调"我们要建设的现代化是人与自然和谐共生的现代化，既要创造更多物质财富和精神财富以满足人民日益增长的美好生活需要，也要提供更多优质生态产品以满足人民日益增长的优美生态环境需要"。这彰显着新时代生态文明建设的民生价值维度。

中国特色社会主义进入新时代，随着我国社会生产力水平明显提高，人民生活显著改善，对美好生活的向往更加强烈，人民群众的需要呈现多样化多层次多方面的特点，对更优美的环境的期盼日益强烈和迫切，因此，必须树立和践行绿水青山就是金山银山的理念，坚持绿色发展，建设美丽中国，下大气力改善环境质量，保护人民健康，为人民创造良好生产生活环境，让人民生活更美好。

二、把人民健康放在优先发展战略地位

2016 年 8 月 19 日至 20 日，全国卫生与健康大会在北京召开，中共中央总书记、国家主席、中央军委主席习近平出席会议并发表了重要讲话。

习近平总书记强调，没有全民健康，就没有全面小康。要把人民健康放在优先发展的战略地位，以普及健康生活、优化健康政务、完善健康保障、建设健康环境、发展健康产业为重点，加快推进健康中国建设，努力全方位、全周期保障人民健康，为实现"两个一百年"奋斗目标，实现中华民族伟大复兴的中国梦打下坚实健康基础。

习近平总书记强调，我们党从成立之日起就把保障人民健康同争取民族独立、人民解放的事业紧紧联系在一起。经过长期努力，我们不仅显著提高了人民健康水平，而且开辟了一条符合我们国情的卫生与健康发展道路。

习近平总书记强调，当前由于工业化、城镇化、人口老龄化，由于疾病谱、生态环境、生活方式不断变化，我国仍然面临多种疾病威胁并存、多种健康影

响因素交织的复杂局面，也面对着发展中国家面临的卫生与健康问题。如果这些问题不能得到有效解决，必然会严重影响人们健康，制约经济发展，影响社会和谐稳定。

习近平总书记强调，长期以来，我国在履行国际义务、参与全球健康等方面取得了重要进展，全面展示了我国国际人道主义和负责任大国的形象，国际社会也给予广泛好评。今后，我们要积极参与健康相关领域国际标准、规范等的研究和谈判，完善我国参与国际重特大突发公共卫生事件应对的紧急援外工作机制，加强同"一带一路"建设沿线国家卫生与健康领域的合作。[①]

第六节　食品安全是一种生态文明

一、食品安全是生态文明建设的重要组成部分

影响人类生存与发展的条件因素构成了人类的生态环境。食品安全是人类生态环境的组成部分。

中国特色社会主义进入新时代，我国社会主要矛盾已经转化为人民日益增长的美好生活需要和不平衡不充分的发展之间的矛盾，安全优质生态产品日益成为人民群众不断增长的生活需要。推进绿色发展，就是要使青山常在、清水长流、空气常新，让人民群众在良好的生态环境中生产生活。随着社会发展和人民生活水平不断提高，人民群众对干净的水、清新的空气、安全的食品等要求越来越高。安全优质生态产品在群众生活中的地位不断凸显，已经成为新时代人民生活提质的重要内容。新时代老百姓对环保和生态产品需求越来越强烈。新时代生态文明建设坚持以人民为中心，就是要让人民群众喝上干净的水，呼吸上清洁的空气，吃上放心的食物。

二、食品安全问题应该纳入生态文明建设，得到高度重视

我国的生态文明建设取得了一定成绩，比如说天更蓝了，水更清了，山更绿了，但是，当前我国生态文明建设中仍然存在着各种问题。比如，食品安全

---

① 摘自习近平总书记的讲话：《把人民健康放在优先发展战略地位》。

问题。食品安全问题关乎人民健康，关乎人民的"菜篮子"，关乎人民群众舌尖上的安全，必须加以重视。

2009年我国通过了《中华人民共和国食品安全法》，2015年，出台了新版《食品安全法》。当下，应该把生态文明建设与贯彻《食品安全法》二者有机地统一起来，与从严治党有机地结合起来。如北京市各级政府已将食品安全工作与生态文明建设一起纳入国民经济和社会发展规划，各级党委、政府将食品安全工作纳入党政领导班子的领导干部经济社会实绩考绩评价体系、社会治安综合治理考核体系、政府绩效评价体系，每年度组织开展对下级党委、政府考核评价，确保生态文明建设与食品安全党政问责落到实处。北京市至今已有323个食药监管所，它既是区食药局的派出机构，也是街道（乡镇）政府的内设机构，还建立了200个食药安全社会社区联络站和1000个社区监测点，为市民提供"你点我检"等食品安全检测服务。

资料显示，近年来首都未发生较大的食品安全事件，65大类食品统一监测抽检合格率保持在97%以上。食品安全工作成绩斐然，食品安全工作与生态文明建设同步发展，获得了社会的广泛好评。

第二章 生态学基础理论

第一节 环境与自然资源的概念

一、我们的地球

人类居住的地球，自诞生以来，已有 46 亿年的历史了。在这漫长的岁月中，地球不断发展变化，逐步形成了今天的模样。

地球生命史也长达 38 亿年，人类则只有二三百万年的历史。如果把地球 46 亿年的演化史比作 24 小时的话，人类的出现刚只有半分钟，这时，我们会看到一幅十分奇异的演变图景。

在一昼夜的最初自子夜时分，地球形成。

12 小时以后，中午，在古老的大洋底部，最原始的细胞开始蠕动。

16 时 48 分，原始的细胞体发育成软体动物、海绵动物和藻类，然后，出现了鱼类。

21 时 36 分，恐龙王朝到来。

23 时 20 分，鳞甲目动物全部绝迹。地球是哺乳动物的天下。

到了 23 时 39 分 30 秒，才出现最早的猿人。

人类从原始蒙昧进入现代，在这一昼夜中只有 1/4 秒。

自然界在极漫长的时代逐步发展起来，人类在其过程中只占了短暂的一瞬间，我们对地球的了解是极其有限的。

人类自诞生以来，就一直没有放弃过对地球以外的生命的思考与寻找，但是至今为止，地球仍是人类已知、唯一存在生命的星球，人类的诞生、人类文明的发展成为目前为止地球生命进化的最新阶段和最高成就。

我们每个生活在地球上的人（有 70 亿），都是地球村的公民，珍爱地球、爱护地球上一草一木是我们每个人的责任。人类的工业制造、污水和废气排放、滥采滥伐等已经给地球带来了灾难性的破坏，我们应下定决心，从我做起，从现在做起，维护我们的家园，维护地球。正如习近平总书记指示："我们既要绿水青山，也要金山银山。宁要绿水青山，不要金山银山，而且绿水青山就是金山银山。"

二、环境的概念

任何一个客观存在的事物都要占据一定的空间，并和周围的事物发生联系。人们在一般意义上讲环境，通常是指相对于某一个中心事物而言，即围绕某个中心事物的环境。或者说，环境是一个相对的、可变的概念，它因为中心事物的不同而有不同的含义和范围。

环境的原词来自法语 environner，英语是 environment，原意是：围绕、周围、围绕物、安置、背景、状态、外界。

从哲学的角度看，环境是相对于中心事物（主体）的周围事物（客体）。中心事物（主体）与周围事物（客体）是相依并存的。它们之间有物质、能量和信息的交换，是相互依存，协同进化的。显然，作为周围事物的环境因中心事物不同而异，因此它有成因不同、空间不同、时间远近等不同层次的分类、解读和表述。

三、人类环境的概念与分类

人类环境是一个十分庞大的、复杂的体系。人类环境的概念是在 1972 年联合国人类环境会议上提出的，指的是以人类为中心、为主体的外部世界，就是人类赖以生存和发展的天然的和人工改造的各种自然因素的综合体。主体的生物，包括动物、植物和微生物，当然也包括人类。围绕生物界并构成生物生存的必要条件，如大气、水、土壤、阳光及其他无生命物质等。

通常可以把人类环境分类如下：

1.根据环境的形成方式，把人类环境分成自然环境和人工环境。这也是人们最常用的分类方法。

自然环境是指对人类的生存和发展产生直接影响的各种天然形成的物质和能量的总体，如大气、水、土壤、日光辐射、生物等，运用环境要素构成了相互联系、相互制约的自然环境体系。人工环境是指人类为了提高物质和文化生活的质量水平，在自然环境的基础上，经过人类活动的改造或加工创造出来的，如城市、居民点、水库、名胜古迹、风景游览区，以及工厂、港口、公路、铁路、机场等，人们又称它是工程环境。它既包括这些人为的物质再生要素，也包括再生要素构成的系统及其相互关系及所呈现状态的综合。

2.按照环境的功能，可以分为生活环境和生态环境。我国宪法采用了这种分类方法。

3.按照环境范围的大小，可以分为居室环境、车间环境、村镇（居）环境、城市环境、区域环境、全球环境和宇宙环境。

4.按照环境的不同要素，可以分为大气环境、水环境（含海洋环境、湖泊环境、河流环境等）、土壤环境、生物环境（如森林环境、草原环境等）、地质环境等。

四、自然资源及分类

资源即物质和能量。自然资源是在一定的经济和技术条件下，自然界中可以被人类利用的物质和能量，如土壤、阳光、水、空气、草原、森林、野生动植物、矿藏等。

人类对自然资源的利用程度取决于当时的经济能力和技术水平。由于经济和技术水平的限制，有些自然资源还难以被利用，随着社会的进步、经济的发展和科技的进步，未被利用的"无用"物质会不断成为有用资源，如垃圾等。人们把已被利用的自然物质和能量称为资源，把将来可能被利用的物质和能量称为潜在资源。

按照自然资源的分布量和被人类利用时间的长短，自然资源可以分为有限资源和无限资源。

有限资源又包括两类。1.可更新资源。可更新资源即可以更新被再利用的资源，如土壤、淡水、动物、植物等。但必须注意：人类利用可更新资源的数量和速度，不得超过资源本身的更新速度，否则会造成资源的枯竭而不能永续利用，也因此我们要节约资源，不要滥砍滥伐，无节制地使用，"我们不要过分陶醉于我们人类对自然界的胜利。对于每一次这样的胜利，自然界都对我们进行报复"（恩格斯语）。中国是一个发展中的大国，能源资源相对不足，生态环境承载力不强，这是我国的一个基本国情。我们要抓好生态文明建设，切实把能源资源保障好，把环境污染治理好，把生态环境建设好，为人民群众创造良好的生产生活环境。2. 不可更新资源。不可更新资源是指数量有限又不可再生，终究会被用尽的资源，如煤、石油等矿藏。人类对不可更新资源必须十分珍惜，尽可能合理利用。

无限资源是指用之不竭的资源，如太阳能、风能、潮汐能、海水能等，除海洋外，其他资源目前还没有被列为自然资源的立法保护对象，但是人类活动会直接或间接地影响它们，同时也影响人类对它们的有效利用。

应该指出，很多自然资源如土壤、阳光、水、草原、森林、野生动植物等都具有两重性，它们既是自然资源，又是自然环境的要素，因此，环境保护和自然资源的保护是密不可分的。

五、人类同环境的关系

人类同环境的关系，可以概括为以下两点：

（一）人类是环境的产物

应该树立一种科学的意识：人类是环境的产物，人类的生存和发展，要完全依赖于地表的环境条件。

众所周知，自然界在人类出现之前的几十亿年前就已经存在了。地球上最早本无生命，经过漫长的物理、化学变化过程，才形成了使生物能够产生、延续和进化的地表环境，如水、阳光、土壤、氧气、适宜的温度。一切动物离开氧气都不能生存。氧气是在地球表面大量覆盖了绿色植物（主要是森林）之后制造的。大气中百分之七十五的氧气是经过植物的光合作用产生的。距地面12～40千米高度的平流层和中间层之间有一层薄薄的臭氧层。臭氧层的特殊功能是可以阻挡和吸收太阳紫外线，保护生物（包括人类）免受太阳紫外线的伤害。它是人类的保护伞。有关人体血液成分的科学数据表明：人体血液含有六十多种化学元素，而且平均含量同地壳各种元素的含量在比例上惊人的相似。这是人是环境产物的最明显的例证。

在中国古代早有"天人合一"和"道法自然"的理念。"天人合一"理念是我国古代先哲们的伟大贡献，商代时的"天命观"即一切服从天命和上天的代表（君王），这是当时唯一的社会统治思想。春秋战国时期，孔子提出尊天命、轻鬼神、重人事，他说："未能事人，焉能事鬼。""道之将行也与？命也。道之将废也与？命也。"

孟子认为，"天"本是第一性的东西，"莫之为而为者，天也；莫之致而致者，命也"，意思是天命是人力做不到而最后又能使其成功的力量，是人力以外的决定力量，但天不是神，天是人的心性的来源，性与心相通，人的思维是"天之所为"。他认为，必须通过理性思维（认识和修养）去唤起人的善性，达到"天人合一"。

荀子指出，天就是"列星随旋，日月递炤，四时代御，阴阳大化，风雨博施"的自然界。天有自身的运行规律，"天行有常，不为尧存，不为桀亡。"人是有生命的，有知觉，有道理，人类有认识自己和改造自然的能力，"天有其时，地有其材，人有其治，夫是之谓能参。"

道家对天地人关系的理解与儒家不同。道家代表人物老子主张与赞美自然的完美，十分鄙视人为，认为人仅需"安时而处顺"，追求"天地与我并生，而万物与我为一"的境界。

我国古代先哲们的"天人合一""道法自然"的思想至今仍给人以深刻的警示与启迪。需要指出的是，古代中医理论主张"节气物候""四时养生"也贯穿着"天人合一"的思想。

（二）人类是环境的改造者

人类不像一般动物一样完全被动地依赖和适应自然环境而生存。人类为万物之灵，人类可以通过劳动，通过社会性的生产活动，使用日新月异的科技手段，有目的、有计划、大规模地改造自然环境，使其更适合人类的生存与发展。

人类在依存自然环境生存和改造自然环境的过程中，存在着一种十分复杂的关系，即与环境系统相互作用、相互制约的关系，其中体现着两种规律，即社会经济规律和自然生态规律的交织、融合，且不以人的意志为转移发挥着作用。

马克思说，劳动首先是任何自然之间的过程，是人以自身的活动来引起、调整和控制人和自然之间的物质交换的过程。人类在实践中逐步认识到：从自然界索取的各种资源不能超过自然界的再生增殖能力，在生产、生活中排放的废弃物不能超过环境的纳污量，即环境的自净能力。

1972年，联合国通过并发布了《人类环境宣言》。从20世纪80年代开始，全球掀起了空前庞大的绿色运动，并提出了"整合价值观"。"整合"的观念就是把整个环境看作一个生命的整体，人类是这整体的一部分。"整合价值观"具有以下几个原则：1.众生皆有内在的价值；2.大自然是复杂而又多姿多彩的；3.人是大自然的一部分；4.人类干扰了大自然的复杂结构，人类有能力、有必要维持自然生态平衡。

第二节 生态学基本知识

一、生态学的概念

生态学原是生物学的一个分支，1866 年由德国人伊·海克尔首先提出。他认为，生态学是研究动物同有机和无机环境的全部关系。后来，经过发展修改为是研究生物与其生存环境之间相互关系的科学。生态学在当前已超出了生物学的范围，扩大到其他领域。20 世纪 50 年代以后，又出现了人类生态学、社会生态学等学科。20 世纪 70 年代，联合国教科文组织把人与生物圈的研究列为全球性的课题，强调从宏观上研究人与环境的生态学规律。其基本内容包括：1. 认为环境之间不断进行着物质循环与能量流动，环境为生物提供生存和发展的条件，并且不断地影响和改变着生物，从简单到复杂，从低级向高级发展；2. 生物界在发展变化的过程中，特别是在人类出现后，又给环境以巨大的反作用。

二、生物圈

生物圈就是生命的竞技场，人类在生物圈内"物竞天择，适者生存"，在地球生命精华的最高阶段，人类是万物之灵长、宇宙之精华，在生命竞技中居优胜地位。

生物圈是一个复杂的、全球性的开放系统，是一个生命物质与非生命物质的自我调节系统。它的形成是生物界与水圈、大气圈及岩石圈长期相互作用的结果。在我们居住的这个蓝色星球上，繁衍着十几万种微生物、30 多万种植物和 100 多万种动物。它们通常生存于地球陆地之上和海洋表面之下各约 100 米厚度的范围内。我们把地面以上大约 10 千米的高度，地面以下延伸至 10 千米的深度，其中包括对流程的下层，整个对流层以及沉积岩石圈和水圈这一有生命活动的领域及大居住环境的整体，称为生物圈。生物圈包括以下要素：（见图 2-1）。

植物，包括蔬菜、水果、粮食、牧草、森林、花卉等，是可供人类食用的食物，又是动物的饲料，更重要的是它能呼出氧气，吸收二氧化碳，起到净化环境、美化环境、造福人类的作用。

食草动物包括牛、羊、兔、鹿、马、驴等，它们以牧草为主要饲料。

昆虫的范围很广，如蜜蜂、蚕、蛹、蚂蚁等。

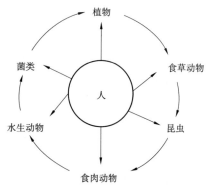

图 2-1　生物圈示意图

食肉动物，它们以食草动物或昆虫为食物，营造起食物链,如狮子、虎、豹、狐狸、狼等。

水生动物，包括鱼、虾、蟹、章鱼等。

食用菌类，例如木耳、银耳、冬菇、草菇、平菇、茶树菇、猴头菇等，这些菌类含有丰富的氨基酸、植物蛋白等营养成分，是人类重要的食物来源。

人类有责任也有义务保护动植物不受侵害及生物环境的可持续发展，这既是大自然的规律，也是人类文明的体现。

三、生态系统及其功能

生态系统是指自然界里由生物群体和一定的空间环境共同组成的具有一定结构和功能的综合体系。地球上最大的生态系统就是生物圈。生态系统由生产者、消费者、分解者、无生命物质组成。

1.生产者，主要指绿色植物及单细胞藻类。它能够通过光合作用把太阳能转化为化学能，把无机物转化为有机物，不仅供给自身以发育成长，也为其他生物提供物质和能量。它界定着生态系统的生产能力大小，构成生态系统的基础，在生态系统中居最重要的地位。

2.消费者，是指所有动物，包括人类。其中食草动物为一级消费者，以草食动物为食的食肉动物为二级消费者，以二级消费者为食的食肉动物为三级消费者。人类是杂食者，既食植物又食动物，称为混合消费者。

3.分解者，主要指有分解能力的各种微生物，也包括腐食性动物，如白蚁、蚯蚓等。分解者能把生态系统里的动物和植物尸体分解成简单的化合物，再提供给植物利用。分解者可以保证生态系统的循环，也是生态系统的有机组成部分。

4.无生命物质，包括自然界中各种有机物、无机物，如阳光、水、土壤、空气等。这些无生命物质为生物提供了必需的生存条件。

生态系统的功能包括能量流动及物质循环。

1. 生态系统的能量流动

生态系统全部生命需要的能量都来源于太阳。能量在生态系统中的流动是按照热力学定律进行的，能量可以从一种形式转化为另一种形式，转换过程中不消失，也不增加。能量在流动中，沿着从集中到分散，从高到低的方向传递，传递过程中会有一部分能量分散掉。

生态系统的能量流动是通过食物链进行的，在食物链上的各个环节称为营养级。从环保的角度来看，一个值得注意的现象是，进入环境里的有毒物质沿着食物链复杂行进，毒物首先被生产者摄取，然后沿食物链逐渐转移，在转移过程中其浓度会千万倍地增加，其危害程度也就大大增高。

2. 生态系统的物质循环

生物有机体大约由 40 多种化学元素组成，其中最主要的是碳、氢、氧、氮、磷、钾，它们在自然界中以水、二氧化碳、硝酸盐和磷酸等形式存在。这些物质既是自然界中的主要元素，又是生物有机体维持生命的主要元素。它们首先被生产者（植物）吸收，经过合成，以有机物的形式通过食物链在各营养级之间逐级传递，最后经分解者（微生物）分解为无机物返回环境供植物利用。这些物质在生态系统中周而复始地循环，被反复利用，形成了生态系统的物质循环。

四、生态平衡与食物链

一个正常的生态系统其结构和功能包括生物种类的组成、各种种群的比例以及不断进行着的物质循环和能量流动都处于相对稳定的状态，生态学上把这种相对稳定的状态称为生态平衡。

生态系统能保持相对平衡是因为其自身具有自动调节的能力。破坏生态平衡的因素有自然因素和人为因素两种。自然因素如火山爆发、地震、海啸、台风、泥石流、水旱灾害等。人为因素如改造大型工程等，会大规模改变环境条件，大量毁坏植被，从而改变生物的生存环境。此外，还有向环境中排放大量有毒污染物等。

多种食物链就像一个网络，息息相关，紧密相连。人类属于杂食动物，永远站在食物链的最顶端。包括人类在内的地球生命，其生命过程就是与外界环境进行物质、能量和信息交换的过程，物质与能量作为生命体与生命活动的构成要素，在生命个体之间接力流动，从而构成食物链。

物竞天择，适者生存，这是生命的接力赛，是形成食物链的根本原因。生态平衡是大自然的规律，食物链也是如此。

第三节　环境问题

一、环境问题的产生与发展

人类活动或自然原因使环境条件发生了不利于人类的变化，以致影响人类的生产和生活，给人类带来灾害，这就是环境问题。自然因素如洪水、干旱、地震、海啸等，自地球形成以来就存在。对这类环境问题，人类可以采取措施减少它的消极影响和破坏力，但都难以阻止，因此通常我们所讲的环境问题主要指人类活动给大自然造成的影响。

环境问题贯穿人类发展的整个阶段。但在不同历史阶段，由于生产方式和生产力水平的差异，环境问题的类型、影响范围和危害程度也不尽一致。

1. 渔猎时代。人类为了生存，与野兽争夺食物和生存环境，将动物射杀后，取肉食用，结网捕鱼。从生吞活剥到利用火种，人类在改造自然环境的过程中不断完善自己。

2. 畜牧时代。人类在捕猎动物时，将多余的动物饲养起来，以备荒年食用。饲养不断地发展，拉车、耕地、驮物这些行为被用于生产和生活，既改变了生活环境和生产环境，也减轻了人类的劳动强度。我们今天所见的牛、马、羊、狗、鹿、驼等都是畜牧时代驯养传承至今的产物。

3. 农耕时代。从原始社会氏族部落形成，人类就有了宗族社团的概念。相传五千年之前，神农氏炎帝创造了农耕，是农耕时代的创始人。人类种植五谷、蔬菜瓜果，采药治病，酿五谷为酒，开始了农耕文化。农耕时代是人类改造环境的一大进步，是人类文明的最初进程。

农业畜牧业在当时是一种生物性生产，一方面在很大程度上靠自然条件，叫靠天吃饭；另一方面又会对自然环境造成破坏，如开荒种地，砍伐森林，毁坏草原，盲目扩大耕地。古代美索不达米亚、希腊、小亚细亚地区的居民，为了得到耕地，把森林砍光了，结果使这些地方成了不毛之地。中国古代的黄河流域，曾经是森林茂密、沃野千里的文明发祥地，西汉末年到东汉时期，因搞"单打一"的农业，大规模滥伐森林，开垦农田，结果造成严重的水土流失，使后来的黄土高原成为千沟百壑的贫瘠荒原。

农业生产活动向环境排放的废弃物不多，而且生产和生活排放的废物可以纳入物质生产的小循环，如庄稼的秸秆灰、人的粪尿可以肥田。一般说来不会超出环境的自净能力，所以环境问题（污染）表现还不突出。只是在人口集中的城镇，各种手工作坊和居民抛弃生活垃圾，曾出现环境污染问题，但同后来工业生产和大规模城镇文化带来的环境污染相比要轻微多了。

4. 工业时代。产业革命把人类社会带进了工业化的新时代，即产业革命以后到 20 世纪 50 年代，在这段时间，一方面大幅度提高了社会生产力，增强了人类利用和改造自然环境的能力；另一方面，资源的消耗、废弃物的排放大量增加，出现了大规模的环境污染问题。如 1873 年到 1892 年的 19 年中，英国伦敦发生过 5 次毒雾事件，4 天内死亡人数较常年同期约多 4000 人。1930 年，比利时马斯河谷烟雾事件，一周内死亡 60 人。1940 年到 1960 年，美国洛杉矶的光化学烟雾事件，使大量居民患病。1948 年，美国多诺拉烟雾事件，使全镇 43% 的人口约 5911 人患病，死亡 17 人。

现代工业生产需要大量资源和能源，随之，采掘业、采伐业和捕捞业三大部门的发展，以及各类大型工业建设造成局部环境条件的改变，使自然资源和自然环境难以承受，从而造成资源稀缺甚至枯竭的问题，自然资源遭到破坏，开始出现区域性生态平衡失调现象。

我们可以再举两个典型事件：

（1）德国森林枯死病事件

原西德共有森林 740 万公顷，到 1983 年为止有 34% 患上了枯死病，每年枯死的蓄积量占同年森林生长量的 21% 之多，先后有 80 多万公顷森林被毁。这种枯死病来自酸雨之害，当时鲁尔工业区的森林里，到处可见秃树、死鸟、死蜂，该地区每年有数万名儿童感染特殊的喉炎症。

（2）印度博帕尔毒气事件

1984 年 12 月 2 日，坐落在印度博帕尔市北郊的美国联合碳化物有限公司印度公司的农药厂发生毒气泄漏事件，一周后有 25000 人死于这种污染事故，间接致死 55 人，永久性残疾人数多达 20 多万人。博帕尔事件是人类有史以来最严重的由事故污染而造成的惨案。

二、世界环境问题

当今世界环境问题仍十分严重。历史上有著名的八大公害事件：

1.1930 年 2 月比利时马斯河谷烟雾事件，死 60 人，数千人中毒。

2.1940 年到 1960 年美国洛杉矶光化学烟雾事件，死亡 400 余人，多人患病。

3.1948 年 10 月美国多诺拉烟雾事件，死亡 17 人，5911 人患病。

4.1952 年 12 月英国伦敦烟雾事件，5 天死亡 4000 多人，历年发生 12 起，死亡万余人。

5.1953 年到 1961 年，日本水俣病事件，死 50 余人，1 万多人患病。

6.1955 年以后直到 20 世纪 70 年代，日本四日市哮喘事件，蔓延几十个市，死亡超过 10 人，病 800 余人。

7.1968 年，日本北九州市、爱知县等 23 个府县发生米糠油事件，死 16 人，病 5000 余人，实际受害万余人。

8.1931 年到 1975 年日本富山骨痛病事件，死 207 人，病 258 人。

2002 年 5 月，联合国环境规划署发布了由多名科学家联合撰写的 2002 年度《全球环境展望》，对 1972 年以来的全球环境状态进行了评估，并对未来 30 年全球环境与发展趋势进行了预测。该报告指出，全球环境现状在过去 30 年里持续恶化，环境条件变得更加脆弱。环境污染出现了范围扩大、难以防范、危害严重的特点。例如，大气污染出现了全球性并直接影响整个生物圈的某些机制和平衡的三大问题，即酸雨、二氧化碳的"温室效应"和臭氧层的破坏。

酸雨被称为"空间死神"，这是大量燃烧矿物燃料向大气排放氮氧化合物造成的，我国长江以南广大地区已出现了酸雨危害，影响面积占国土的 1/3，且有加重趋势。

二氧化碳的大量排放导致全球温度升高，这会导致两极冰川融化，海平面升高，淹没沿海城市和农田，还会改变全球风向、降雨和海洋循环方式，对全球环境产生巨大影响。

臭氧层的破坏则是由于向大气排放大量的氟氯烃类化合物（如制冷剂氟利昂）而造成的，因为臭氧层受到破坏，南极上空已出现空洞而且在迅速扩大，其后果将是影响动植物的生长，使人和动物的癌症发病率急剧提高。20 世纪 80 年代，有关部门专门为此召开了 12 次国际会议，制定了《保护臭氧层维也纳公约》和《关于消耗臭氧层物质的蒙特利尔议定书》（1990 年修正），足以证明问题的严重性和国际社会的关注度。

自然环境和自然资源难以承受高速工业化、人口急剧增加和城市化所带来的巨大压力，出现了世界性农业资源基地退化现象，如土壤侵蚀、酸化和沙漠化，世界森林也以惊人的速度在减少，每年热带雨林消失面积达 1000 万公顷。这是人类面临的重大环境问题，它会带来一系列生态失调的可怕后果，如水土流失加剧、沙漠蔓延、气候变异、物种灭绝等。

过去 30 年，世界自然灾害显著增加了。20 世纪 70 年代遭受自然灾害的人数比 20 世纪 60 年代增加了一倍。20 世纪 80 年代，仅在非洲就有 3500 万人受旱灾之患。非洲干旱的大灾荒持续了很多年，30 个国家受灾，上百万人被饿死，几千万人挣扎在死亡线上。非洲大灾荒与其说是天灾，不如说是人祸，是人为因素、自然因素相互作用恶性循环的结果。它也是面镜子，告诉人们要处理好人口、发展与环境的关系，要切实加强对自然环境的保护。

三、环境、资源、人口和发展之间的关系

环境问题不是孤立发生的，它与资源、人口与发展问题环环相扣，紧密相关，互为因果。

（一）资源

我们说过，自然环境有两重性，它既是人类生存发展的物质基础和必要的条件，又是环境要素。

一个国家的地理条件和资源状况是客观存在的，一般不会有大的变动，它对社会和经济发展起着重要作用。我国是拥有 13 亿多人口的大国，人均资源占有量远远低于世界平均水平。2000 年，我国人均水资源为 2193.3 立方米，只占世界水平的 22%；人均耕地资源 1.12 亩，只占世界平均水平的 25%；人均森林面积 0.126 公顷，只占世界平均水平的 21%。我国庞大的人口基数和快捷的经济发展使有限的资源变得更加紧张，而资源的匮乏已成为制约经济发展的重要因素。

（二）人口问题

据统计，1950 年世界人口为 25 亿，到 1985 年已增加到 48 亿，35 年几乎翻了一倍，而 90% 的增长集中在发展中国家，尤其是非洲与亚洲。当前世界人口为 70 亿，联合国预测，2025 年世界人口将达到 82 亿。

在一定的社会发展阶段，一定的地理环境和生产力水平条件下，人口增值应有一定适当的比例，那种认为在社会主义制度下不存在人口过剩问题的看法，

显然是错误的。

我国人口在新中国成立初期为 5.4 亿，现在有 13.9 亿，预计到 2020 年为 15 亿。人口过度增长极大地限制了经济发展和生活改善，这也是我国资源遭到破坏、环境污染严重的重要原因。

我们要促进人口均衡发展，就要坚持计划生育基本国策，全面实施一对夫妇可生育两个孩子的政策，改革完善计划生育服务管理制度，进一步释放生育潜力，合理调节各类城市人口比例，改善中小城市相对人口老龄化的问题，减缓人口老龄化压力，增加劳动力供给，保证人口安全。

（三）发展与环境

邓小平同志说过，发展是硬道理。

发展包括社会发展和经济发展，而经济发展是基础。经济发展了，人民的生活水平才能得到保障和改善。生态文明建设，包括环境问题也需要通过经济发展逐步得到解决。西方国家走过一条"先污染后治理"的路子，事实证明，盲目生产会造成资源、环境与发展之间的比例失调，从而导致资源枯竭、环境污染与破坏加剧。这种道路不仅使发展无法持续，还会带来灾难性的后果，因此，这条老路是决不能再走的，我们将探索一条具有中国特色社会主义发展的新路。

总之，在人口、资源、环境与发展问题之间存在着相互制约的关系。从生态学的原理来看，实际上是人类及环境系统所进行的物质循环与能量流动的关系，又是三种再生产，即人口增长、资源增值与经济发展相互结合和制约的关系。不管它们之间物质与能量交换的关系如何错综复杂，在物质和能量的输入和输出之间最终都需要保持平衡。

第三章　生态文明体制改革

第一节　生态安全立法

一、推动构建人类命运共同体

习近平同志在十九大报告中提出，坚持和平发展道路，推动构建人类命运共同体。

他说，中国共产党始终把为人类作出新的更大的贡献作为自己的使命。中国将高举和平、发展、合作、共赢的旗帜，恪守维护世界和平、促进共同发展的外交政策宗旨，坚定不移在和平共处五项原则基础上发展同各国的友好合作，推动建设相互尊重、公平正义、合作共赢的新型国际关系。

世界正处于大发展大变革调整时期，和平与发展仍然是时代主题。同时，世界面临的不稳定性不确定性突出，人类面临许多共同挑战。

习近平说，我们生活的世界充满希望，也充满挑战。我们不能因现实复杂而放弃梦想，不能因理想遥远而放弃追求。没有哪个国家能够独自应对人类面临的各种挑战，也没有哪个国家能够退回到自我封闭的孤岛。他说，我们呼吁各国人民同心协力，构建人类命运共同体，建设持久和平、普遍安全、共同繁荣、开放包容、清洁美丽的世界。要相互尊重、平等协商，坚决摒弃冷战思维和强权政治，走对话而不对抗、结伴而不结盟的国与国交往新路。要坚持以对话解决争端、以协商化解分歧，统筹应对传统和非传统安全威胁，反对一切形式的恐怖主义。要同舟共济，促进贸易和投资自由化便利化，推动经济全球化朝着更加开放、包容、普惠、平衡、共赢的方向发展。要尊重世界文明多样性，以文明交流超越文明隔阂、文明互鉴超越文明冲突、文明共存超越文明优越。要坚持环境友好，合作应对气候变化，保护好人类赖以生存的地球家园。

习近平强调，中国坚定奉行独立自主的和平外交政策，尊重各国人民自主选择发展道路的权利，维护国际公平正义，反对把自己的意志强加于人，反对干涉别国内政，反对以强凌弱。中国决不会以牺牲别国利益为代价来发展自己，也决不放弃自己的正当权益，任何人不要幻想让中国吞下损害自身利益的苦果。中国奉行防御性的国防政策。中国发展不对任何国家构成威胁。中国无论发展到什么程度，永远不称霸，永远不搞扩张。

习近平说，中国积极发展全球伙伴关系，扩大同各国的利益交汇点，推进大国协调和合作，构建总体稳定、均衡发展的大国关系框架，按照亲诚惠容理念和与邻为善、以邻为伴周边外交方针深化同周边国家关系，秉承正确义利观和真实亲诚理念加强同发展中国家团结合作。

他说，中国坚持对外开放的基本国策，坚持打开国门搞建设，积极促进"一带一路"国际合作，努力实现政策沟通、设施联通、贸易畅通、资金融通、民心相通，打造国际合作新平台，增添共同发展新动力。加大对发展中国家特别是最不发达国家援助力度，促进缩小南北发展差距。支持多边贸易体制，促进自由贸易区建设，推动建设开放型世界经济。

他表示，中国秉持共商共建共享的全球治理观，倡导国际关系民主化，坚持国家不分大小、强弱、贫富一律平等，支持联合国发挥积极作用，支持扩大发展中国家在国际事务中的代表性和发言权。中国将继续发挥负责任大国作用，积极参与全球治理体系改革和建设，不断贡献中国智慧和力量。

习近平指出，世界命运握在各国人民手中，人类前途系于各国人民的抉择。中国人民愿同各国人民一道，推动人类命运共同体建设，共同创造人类的美好未来。[①]

另外，据资料统计：2012 年至 2016 年我国已向 18 个最不发达国家、小岛屿国家和非洲国家等发展中国家赠送首批应对气候变化物资，帮助提高应对气候变化的能力。

二、生态安全立法的构想与必要性

法律是治国之重器，立法是现代国家的主要活动之一。改革开放三十多

---

① 以上内容摘自新华网十九大专题报道《习近平提出，坚持和平发展道路，推动构建人类命运共同体》。

年来，我国先后制定和修改了《中华人民共和国宪法》《中华人民共和国民法总则》《中华人民共和国物权法》《中华人民共和国侵权责任法》《中华人民共和国刑法》等基本法律，也出台了一系列有关资源利用和生态环境保护的法律、法规，如《中华人民共和国清洁生产促进法》《中华人民共和国循环经济促进法》《中华人民共和国城乡规划法》《中华人民共和国土地管理法》《中华人民共和国矿产资源法》《中华人民共和国环境保护法》《中华人民共和国海洋环境保护法》《中华人民共和国大气污染防治法》等，初步形成了比较完整的环境保护法律和制度体系，但是在生态安全和生态保护管理领域还存在明显的立法空白。

1. 在生态文明建设上存在明显的法律空白。

2. 有关资源利用和法律保护方面，其内容还基本上滞后于社会主义市场经济改革进程。

3. 法律制度设计上有重规划，评价和审批代替监督管理，注重实体规定，轻程序的问题，很多法律制度缺乏必要的实施细则，因此缺乏实施落地的强制力。

4. 生态文明有关内容缺乏，如生态红线、生态补偿、自然资源产权鉴定和交易、生态保育与生态资源利用（生态原产地保护）、生态文化、生态空间规划，等等。

5. 近年来，我国生态安全情况有恶化的趋势，已对生态安全立法保护提出新的要求和挑战，应该认识到生态安全与国防安全、经济安全、金融安全、网络信息安全等具有同等重要的战略地位，是构建国家安全、区域安全的重要内容。生态保育、生态资源利用、生态原产地保护、生态文明遗产保护、环境安全和经济可持续发展等已成为国际社会和全人类的普遍共识。

生态安全立法的必要性：

1. 生态安全立法有利于完善我国生态标签制度。中国的生态原产地评定相当于欧盟生态标签认证。获得评定的企业（组织）塑造了生态环保的社会形象，赢得了消费者及社会的信赖，提高了生态产品的品牌附加值。

目前，国际上绿色标志制度风行全球。如欧盟1992年出台了"生态标签"制度，经过多年的普及宣传与培育、践行，在欧洲市场上已享有很高的声誉。

2. 生态安全立法可以为我国实施生态保育可持续发展创造条件。

生态法是20世纪七八十年代苏联法学界广泛使用的一个词。如今在俄罗斯法律体系中，生态法作为一个专有名词或专业用语，已全面取代了环境法、环境保护法、自然保护法等名词。如《俄罗斯联邦生态鉴定法》，旨在查明经济活动和其他活动是否首先符合生态要求，是否获得实施许可，以预防对自然环境可能产生的不良影响与后果。这些值得我们借鉴。

3. 生态安全立法有利于我国青少年儿童的成长，有利于让青少年儿童从小就接受生态文明教育。

4. 生态安全立法有利于建立我国的生态安全鉴定制度。将生态安全保障作为一个新的理念融入环保法体系，以赋予公众生态安全实体上的权利，并落实为公民生态安全知情权、生态安全管理参与权、请求权等。

5. 生态安全立法有利于拓展生态文化载体和传播功能。

6. 生态安全立法有利于推动"一带一路"战略规划的进一步实施与落地。

第二节 生态文明体制改革

习近平总书记在党的十九大报告中指出，加快生态文明体制改革，建设美丽中国。

习近平说，人与自然是生命共同体，人类必须尊重自然、顺应自然、保护自然。

习近平指出，我们要建设的现代化是人与自然和谐共生的现代化，既要创造更多物质财富和精神财富以满足人民日益增长的美好生活需要，也要提供更多优质生态产品以满足人民日益增长的优美生态环境需要。必须坚持节约优先、保护优先、自然恢复为主的方针，形成节约资源和保护环境的空间格局、产业结构、生产方式、生活方式，还自然以宁静、和谐、美丽。

一是要推进绿色发展。加快建立绿色生产和消费的法律制度和政策导向，建立健全绿色低碳循环发展的经济体制。构建市场导向的绿色技术创新体系，发展绿色金融，壮大节能环保产业、清洁生产产业、清洁能源产业。推进能源生产和消费革命，构建清洁低碳、安全高效的能源体系。推进资源全面节约和循环利用，实施国家节水行动，降低能耗、物耗，实现生产系统和生活系统循环链接。倡导简约适度、绿色低碳的生活方式，反对奢侈浪费和不合理消费，开展创建节约型机关、绿色家庭、绿色学校、绿色社区和绿色出行等活动。

二是要着力解决突出环境问题。坚持全面共治、源头防治，持续实施大气污染防治行动，打赢蓝天保卫战。加快水污染防治，实施流域环境和近岸海域综合治理。强化土壤污染管控和修复，加强农业面源污染防治，开展农业人居环境整治行动。加强固体废弃物和垃圾处置。提高污染排放标准，强化排污者责任，健全环保信用评价、信息强制性披露、严惩重罚等制度。构建政府为主导、企业为主体、社会组织和公众共同参与的环境治理体系。积极参与全球环境治理，落实减排承诺。

三是要加大生态系统保护力度。实施重要生态系统保护和修复重大工程，优化生态安全屏障体系，构建生态廊道和生物多样性保护网络，提升生态系统质量和稳定性。完成生态保护红线、永久基本农田、城镇开发边界三条控制线划定工作。开展国土绿化行动，推进荒漠化、石漠化、水土流失综合治理，强化湿地保护和恢复，加强地质灾害防治。完善天然林保护制度，扩大退耕还林还草。严格保护耕地，扩大轮作休耕试点，健全耕地草原森林河流湖泊休养生息制度，建立市场化、多元化生态补偿机制。

四是要改革生态环境监管体制。加强对生态文明建设的总体设计和组织领导，设立国有自然资源资产管理和自然生态监管机构，完善生态环境管理制度，统一行使全民所有自然资源资产所有者职责，统一行使所有国土空间用途管制和生态保护修复职责。构建国土空间开发保护制度，完善主体功能区配套政策，建立以国家公园为主体的自然保护地体系。坚决制止和惩处破坏生态环境行为。

习近平强调指出，生态文明建设功在当代、利在千秋。我们要牢固树立社会主义生态文明观，推动形成人与自然和谐发展现代化建设新格局，为保护生态环境作出我们这代人的努力。[①]

---

① 以上内容摘自人民网中国共产党第十九次全国代表大会特别报道《习近平指出，加快生态文明体制改革，建设美丽中国》。

第三节　建立以国家公园为主体的自然保护地体系

一、政策依据

目前我国有十个"国家公园"，包括：

1. 三江源国家公园体制试点。
2. 祁连山国家公园体制试点。
3. 北京长城国家公园体制试点。
4. 东北虎豹国家公园体制试点。
5. 大熊猫国家公园体制试点。
6. 湖北神农架国家公园体制试点。
7. 浙江钱江源国家公园体制试点。
8. 云南普达措国家公园体制试点。
9. 湖南南山国家公园体制试点。
10. 福建武夷山国家公园体制试点。

国家公园制度是党的十八届三中全会确定的。2014年8月《国务院关于促进旅游业改革发展的若干意见》出台，其中提出，"稳步推进建立国家公园体制，实现对国家自然和文化遗产地更有效的保护和利用"。在党的十九大报告中，习近平总书记在涉及"加快生态文明体制改革，建设美丽中国"中又明确地强调："要改革生态环境监管体制"，"构建国土空间开发保护制度，完善主体功能区配套政策，建立以国家公园为主体的自然保护地体系，坚持制止和惩处破坏生态环境行为"。

二、国家公园制度在国外实行概况

国家公园制度最早产生在美国（1872年），之后，全世界已有一百多个国家，如英国、德国、日本等都实行了国家公园制度，其目的基本遵循了世界自然保护联盟（IUCN）"保护大尺度生态过程以及这一区域的物种和生态系统特征"的原则，但在具体设立问题上，各国又各有侧重，美国国家公园侧重自然原野地，非洲侧重野生动物栖息地，欧洲侧重人工自然乡村景观。

从管理方式看，比较典型的是以美国为代表的中央政府直接管理模式，这种模式通过隶属内政部的国家公园管理局来对 58 个国家公园行使管理权限，基本上不受地方政府的制约。

从法律制定方面看，多数国家都通过立法为国家公园提供法律保障。如，美国 1872 年有《黄石国家公园法案》，1916 年有《国家公园管理局组织法》等；德国 1976 年《联邦自然保护法》；英国 1949 年《自然公园法》；南非 2003 年《国家环境管理：保护地法》等。这其中，美国的国家公园立法早，立法层级高，体系完善，操作性强。目前美国一共有六十多部法律对国家公园进行管理，这也使得美国成为世界国家公园管理的典范。

从发展导向看，公益性比较突出，即大多数国家的国家公园实行低廉的票价政策，当然这也不排斥适度发展旅游业，或者带动周边区域发展旅游业来增加经济收入。

三、逐步完善国家公园制度体系

我国要建立国家公园制度体系，最大的难点在于突破旧体制，建立新体制。中国准备建立的国家公园体制脱胎于现存的自然保护地管理体系。

中国现存的自然保护地管理，大体包括三种模式：

1. 部门全面直接管理模式。比较典型的是林场管理局，除了保护森林资源之外，还承担辖区内各项经济和社会行政事务的管理。

2. 部门管理与属地管理相结合的模式。比较典型的是依据《自然保护区条例》和《风景名胜区管理条例》设立的自然保护区和风景名胜区，设立的相应机构主要进行资源保护方面的管理，地方则负责区域内其他的经济和社会行政管理事务。

3. 行业引导与属地管理相结合的模式。在这种模式下，主要的管理事务都由地方政府承担，部门主要通过授牌、摘牌、标准化等方式，引导地方按照行业发展和相关领域资源保护的要求进行管理，比较典型的是等级旅游景区、地质公园。

专家们认为，我国自然保护地的体制改革很关键，主要体现在以下四个问题的解决：

1. 部门之间如何更好地协调，解决好"九龙治水"的问题。如各地"一地多牌"的现象比比皆是，像四川九寨沟既是国家级自然保护区，也是国家级风景名胜区、国家地质公园、国家森林公园，还是国家 5A 景区。

2. 中央和地方之间的关系如何进一步理顺。一方面，国家相关部门代表中央政府行使资源保护的职能，另一方面，地方政府在辖区内的自然保护地既有发展的冲劲，也有发展的压力。如何拿捏好二者之间的关系，在实践中会存在很大的困难。

3. 自然保护地与区域内居民之间利益的平衡。既要保护好自然资源，又要妥善解决好区域内部分居民的生产生活问题。

4. 跨行政区域的自然保护地管理问题。

总之，生态文明建设总的方向、目标、思路和路径已经明确，但未来要真正行之有效地建立起科学的国家公园制度体系，还有许多工作要做，许多问题要逐步解决。①

---

① 本节部分内容参阅《南方周末》2017 年 11 月 2 日版，曾传伟：《建设国家公园，中国要跨过哪些坎？》。

名胜区、国家地质公园、国家森林公园，还是国家 5A 级区。

2.中央和地方之间的关系如何进一步理顺。一方面，国家相关部门有中央布使行使资源监管的职能，另一方面，地方政府在辖区内的自然保护地都有发展的冲动，由于发展的压力，如何兼顾二者之间的关系，在实践中会存在很大的困难。

3.自然保护区、国家公园等就业和发展之间的关系如何平衡，又要及善解决保护区域内部分原居民的生产生活问题。

4.新行政区域的自然保护和监管问题。

总之，生态文明制度建设是一个复杂的、庞大的系统工程，由未来要真正行之有效地建立起科学的国家公园制度体系，还有许多基础工作问题要逐步解决。

第四章　生态环保相关法律、法规

第一节　中华人民共和国民法总则

一、民法总则的通过与施行

2017 年 3 月 15 日，第十二届全国人民代表第五次会议通过了《中华人民共和国民法总则》。2017 年 3 月 15 日，中华人民共和国主席令第 66 号公布，自 2017 年 10 月 1 日起施行。

二、民法总则的基本规定

《中华人民共和国民法总则》有十一章，即基本规定、自然人、法人、非法人组织、民事权利、民事法律行为、代理、民事责任、诉讼时效、期间计算和附则。

其中，第一章基本规定有十二条。第一条是立法目的："为了保护民事主体的合法权益，调整民事关系，维护社会和经济秩序，适应中国特色社会主义发展要求，弘扬社会主义核心价值观，根据宪法，制定本法。"第二条调整对象："民法调整平等主体的自然人、法人和非法人组织之间的人身关系和财产关系。"第三条："民事主体的人身权利、财产权利以及其他合法权益受法律保护，任何组织或者个人不得侵犯。"第四条："民事主体在民事活动中的法律地位一律平等。"第五条："民事主体从事民事活动，应当遵循自愿原则，按照自己的意思设立、变更、终止民事法律关系。"第六条："民事主体从事民事活动，应当遵循公平原则，合理确定各方的权利和义务。"第七条："民事主体从事民事活动，应当遵循诚信原则，秉承诚实，恪守承诺。"第八条："民事主体从事民事活动，不得违反法律，不得违背公序良俗。"第九条："民事主体从事民事活动，应当有利于节约资源、保护生态环境。"第十条："处理民事纠纷，应当依照法律；法律没有规定的，可以适用习惯，但是不得违背公序良俗。"第十一条："其他法律对民事关系有特别规定的，依照其规定。"第十二条："中华人民共和国领域内的民事活动，适用中华人民共和国法律。法律另有规定的，依照其规定。"

三、民法总则颁布实施的意义

（一）民法有强大的生命力。

众所周知，民法总则是民法典的重要组成部分。根据《关于〈中华人民共和国民法总则（草案）〉的说明》，编纂中的民法典将由总则编和各分编组成。总则编规定民事活动必须遵循的基本原则和一般性规则，统领各分编；各分编在总则编的基础上对各项民事制度作具体可操作的规定，"目前考虑分为合同编、物权编、侵权责任编、婚姻家庭编和继承编等"。

编纂的时间表为："第一步编纂民法总则（已完成），第二步编纂民法典各分编，拟于2018年上半年整体提请全国人大常委会审议，争取于2020年3月提请全国人大会议通过，从而形成统一的民法典，具体安排可做必要调整。"

宪法是国家的根本大法，这是从制定法在法的位阶与效力来看的，一国的宪法无疑是最高的，但如果以法律的生命力来衡量，私法或民法则非常重要。

像拿破仑主持编纂的《法国民法典》，至今已经沿用了两百多年，显然也有过多次修订，但主体最主要与最基本的仍在那里，管辖与规范着法国人的经济与社会生活。对比一下，拿破仑的欧洲霸业早已灰飞烟灭，沦为时间的废墟，在拿破仑之后，帝国与共和国政体走马灯似的交替，前后实行与废止了多部宪法。现在已经是法兰西第五共和国了。同样，1896年颁布、1900年施行的《德国民法典》与1898年《日本民法典》也都至今沿用，都有一百多年的历史了，虽然也有过修订，但仍不改本色。对比一下，这段时间德国曾有多部宪法，日本从明治宪法变为和平宪法，且战败后这两国的政权都被摧毁过。

民法典的生命力如此强，是因为民法或私法是最底层、最基础、最接地气的法律规则，直接作用于每个人的行为。

（二）民法总则明确提到"民事活动，应当有利于节约资源，保护生态环境"，在当今民族复兴的伟大时代，有深远的意义。

（三）民法总则明确提到公众应遵循诚信原则。

诚信原则是我国社会主义核心价值观的重要内容。任何一个社会都存在多种多样的价值观念和价值取向，要把全社会的意志和力量凝聚起来，必须有一套与经济基础和政治制度相适应，并能形成广泛的社会共识的核心价值观。习近平总书记指出："人类社会发展的历史表明，对一个民族、一个国家来说，最持久、最深层的力量是全社会共同认同的核心价值观。""如果没有共同的核心价值观，一个民族、一个国家就会魂无定所。"

当代中国，社会主义核心价值观，就是党的十八大报告中提出的"富强、民主、文明、和谐、自由、平等、公正、法治、爱国、敬业、诚信、友善"。习近平总书记指出："要用社会主义核心价值观凝魂聚力，更好构建中国精神、中国价值、中国力量，为中国特色社会主义事业提供源源不断的精神力量和道德滋养。"必须通过教育引导、舆论传递、文化熏陶、行为实践、制度保障等，使社会主义核心价值观内化于心，外化于行。

（四）民法总则作为权利法，色彩十分明显，让法治中国触手可及。

从时间上讲，民法总则连接生死，正在扩展着我们一生的权利——当生命孕育时，它提出胎儿享受民事权可继承遗产；八岁的孩子已具备了一定的辨别和判断能力，成为一个"限制民事行为能力人"；成年以后，民事权利自然会和你的生活息息相关；而进入垂暮之年，民法总则又专门明确了失能老人的监护制度……

从空间上看，我们的生活包含虚拟和现实、日常和突破、社会与自然环境，民法总则囊括了各个领域,让宪法所限定的各种民事权利妥妥帖帖地安放。例如，它对数据和网络作了规定，再如它还提到高仿与抄袭、剽窃这些人们当前关心与揪心的社会现象，它让民事主体依法享有知识产权，并围绕知识产权保护作了一系列相关规定。它对民事权利作了保障，让损害包括损坏环境要素者承担停止侵害、恢复原状等民事责任。民法总则甚至对见义勇为予以鼓励与保护。

第二节　中华人民共和国物权法

一、《物权法》的施行

《中华人民共和国物权法》简称《物权法》。2007 年 3 月 16 日，第十届全国人民代表大会第五次会议通过。2007 年 3 月 16 日，中华人民共和国主席令第 62 号公布，自 2007 年 10 月 1 日起施行。

二、《物权法》的主要内容

物权法是规范财产关系的民事基础法律。《物权法》有五编，十九章，共二百四十七条。

《物权法》主要内容：

1. 坚持社会主义基本经济制度。《物权法》明确规定："国家在社会主义初级阶段，坚持公有制为主体，多种所有制经济共同发展的基本经济制度。"发展社会主义市场经济是坚持和完善社会主义基本经济制度的必然要求。《物权法》明确规定："用益物权人、担保物权人行使权利，不得损害所有权人的权益。"有利于充分发挥物的效用，有利于维护市场交易秩序，促进经济发展。

2. 平等保护国家、集体和私人的物权。《物权法》规定："国家、集体、私人的物权和其他权利人的物权受法律保护，任何单位和个人不得侵犯。"

3. 国有财产问题。《物权法》对国有财产的范围、国家所有权的行使和加强对国有财产的保护等做了明确规定。

4. 集体财产问题。《物权法》规定："农村集体经济组织实行家庭承包经营为基础、统分结合的双层经营体制。"并以专章规定了"土地承包经营权"和"宅基地使用权"。"城镇集体所有的不动产和动产，依照法律、行政法规的规定由本集体享有占有、使用、收益和处分的权利。"

5. 私有财产问题。《物权法》规定："私人对其合法的收入、房屋、生活用品、生产工具、原材料等不动产和动产享有所有权。""私人合法的储蓄、投资及收益受法律保护。"禁止任何单位和个人侵占、哄抢、破坏。

6. 征收补偿问题。《宪法》《物权法》规定，为了公共利益的需要，依照法律规定的权限和程序可以征收集体所有的土地和单位、个人的房屋及其他不动产。同时对征收补偿的原则和内容作了规定。

三、《物权法》的作用与意义

物权法是规范财产关系的民事基本法律，它调整因物的归属和利用而产生的民事关系。我国的《中华人民共和国民法通则》《中华人民共和国土地管理法》《中华人民共和国城市房地产管理法》《中华人民共和国农村土地承包法》《中华人民共和国担保法》等法律以及一系列相关法规出台，对物权作了不少限定，在经济社会发展中发挥了重要作用。随着改革开放的深化和经济、政治、文化、社会建设的发展，有必要在总结实践经验的基础上制定物权法，对物权制度的共性问题和现实生活中迫切需要规范的问题作出规定，进一步明确物的归属，定纷止争，发挥物的效用，保护权利人的物权，完善中国特色社会主义物权制度。

时代在发展、进步，我国已进入中国特色社会主义新时代，在物权方面，也有些新问题需要进一步探讨，如：政府应该在何种程度上介入和调控市场；最好的财产权制度及法律制度的背景是什么；在市场上，政府应该提供何种社会保障和其他福利项目以保护其公民免遭不幸；哪些东西可以被出售，哪些不能出售等。

我们坚信，习近平总书记在党的十九大上作的报告精神一定会推进我们对具有中国特色社会主义物权制度新的研究，并取得新的成果。如生态产品，企业拥有的所有权、占用权、使用权、用益权和处分权。应用这种新型物权是新时代的要求，也是贯彻生态文明建设美丽中国的需要，必将推动我国经济的可持续发展，取得生态环保与经济发展的双赢。

第三节　中华人民共和国环境保护法

一、环境保护法的施行

1989 年 12 月 26 日，第七届全国人民代表大会常务委员会第十一次会议通过了《中华人民共和国环境保护法》。2014 年 4 月 24 日，第十二届全国人民代表大会常务委员会第八次会议修订。2014 年 4 月 24 日，中华人民共和国主席令第 9 号公布，自 2015 年 1 月 1 日起施行。

《中华人民共和国环境保护法》（简称《环境保护法》）有总则、监督管理、保护和改善环境、防治污染和其他公害、信息公开和公共参与、法律责任与附则，共七章，七十条。

二、环境保护法的主要内容

（一）总则部分充分体现了新时期我国环境保护工作的指导思想。

在改革开放和现代化建设的新时期，全面贯彻落实科学发展观，重点是处理好生态文明建设与经济和社会发展与资源利用和环境保护的关系，将环境保护融入经济社会发展，因此，本法强调了环境保护的战略地位。环境保护工作应当依靠科技进步，发展循环经济，倡导生态文明，强调环境法治，完善监管体制，建立长效机制，制定环境保护规划，应当坚持"保护优先，预防为主，综合治理，公众参与，损害担责的原则"，明确国家采取相应的经济、技术政策和措施，健全生态补偿机制，使经济建设和社会发展与环境保护相协调。

（二）强调政府责任、监督和法律责任。

政府和排污单位责任。县级以上人民政府应当将环境保护工作纳入国民经济和社会发展规划。

政府对排污单位的监管。县级以上人民政府环保主管部门及其委托的环境监察机构和其他负有环境保护监督管理职责的部门，有权对排放污染物的企事业单位和其他生产经营者进行现场检查。被检查者应该如实反映情况，提供必要的资料。实施现场检查的部门、机构及其他工作人员应当为被检查者保守商业秘密。

公众对政府和排污单位的监督。公民法人和其他组织依法享有获取环境信息、参与和监督环境保护的权利。各级人民政府环保主管部门和其他负有环保监管职责的部门，应当依法公开环境信息，完善公众参与程序，为公民、法人和其他组织参与监督环境保护提供便利。重点排污单位应当如实向社会公开其主要污染物的名称、排放方式、排放浓度和总量、超标排放情况，以及防治污染设施的建设和运行情况，接受社会监督。

上级政府机关对下级政府机关的监督。国家实行环保目标责任制和考核评价制度。县级以上人民政府应当将环境保护目标完成情况纳入对本级人民政府负有环境保护监督职责的部门以及其负责人和下级人民政府以及负责人的考核内容，作为对其考核评价的重要依据。

人大监管作用。县级以上人民政府应当每年向本级人民代表大会或者人民代表大会常务委员会报告环境状况和环境保护目标完成情况，对发生的重大环境事件应当及时向本级人民代表大会常务委员会报告，依法接受监督。

（三）建立和完善环境保护基本制度，保护改善我国环境质量和生态环境。

（四）明确企业责任，完善防治污染和其他公害的制度。

排放污染物的企事业单位，应当建立环保责任制度。重点排污单位应按照国家有关规定和监测规范安装使用监测设备，并保证正常运行，保存原始监测记录。这些单位应缴纳排污费，排污费只用于环境污染防治。

同时，应当依照《中华人民共和国突发事件应对法》的规定，做好风险控制、应急准备、应急处理和事后恢复工作。

二、《环境保护法》的性质、特征、目的和任务

（一）《环境保护法》的性质

环境保护法是一个新的法律部门，毫无疑问，它具有部门法的一般属性；环境保护法又是一个特殊的法律部门，有许多不同于传统法律的特点，这主要集中在环境保护法有没有阶级性的问题上，大体有三种不同意见：

1. 环境保护没有阶级性。

2. 强调环境保护法的阶级性。

3. 不同的环境保护法具有阶级性，但阶级性不是它的唯一本质属性，应该全面把握环境保护法产生的背景、任务、性质和特点，进行具体分析，防止简单化。

我们主张第三种意见。

（二）《环境保护法》的特征

《环境保护法》与一般法律相比，主要有以下几点特征：

1. 综合性。保护对象的广泛性和保护方法的多样性，这决定了环境保护法是一个极其综合性的法律部门。环境保护法保护的范围和对象，从空间和地域上说，是比任何法律部门都更为广泛的。它所调整的社会关系也十分复杂，涉及生产、流通、生活各个领域，共同开发、利用、保护环境法所采取的法律措施涉及经济、技术、行政、教育等多种因素，也具有综合性。

2. 技术性。这主要指环境保护需要采取各种工程的、技术的措施。该法必须把大量的技术规范、操作规程、环境标准、控制污染的各种工艺技术包括在法律体系之中。

3. 社会性。环境保护法不直接反映阶级利益的对立和冲突，而主要是解决人类同自然的矛盾。环境保护的利益同社会的利益是一致的，从这个角度看，环境保护法具有广泛的社会性和公益性，最明显地体现了法的社会职能的一面。

4. 共同性。人类生存的地球环境是一个整体，当代的环境问题已不是局部地区的问题，有的已经超越国界成为全球性问题，污染是没有国界限制的，一国环境污染会给别国带来危害，因此，环境问题是人类面临的共同问题。

（三）《环境保护法》的目的和任务

《环境保护法》第一条就提到立法目的、指导思想和调整方向，"为保护和改善环境，防治污染和其他公害，保障公众健康，推进生态文明建设，促进经

济社会可持续发展，制定本法。"

这包括三项任务：

1. 合理地利用环境与资源，防治环境污染和生态破坏。

2. 建设一个清洁适宜的环境，保护人民健康。

3. 协调环境与经济发展的关系，在生态文明建设思想的引导下，促进现代化建设的发展，实现中国梦。

关于处理经济发展和环境保护的关系，一直存在着两种相对对立的认识。一种是主要强调环境保护，抑制经济发展，甚至提出了经济"零增长"理论；另一种观点则强调，对于经济不发达的国家和地区，经济增长是实现社会目标，改变落后，改善人民生活的基本手段和物质基础，因此首要是发展经济，而不是环境保护，有的人甚至提出"先污染后治理"的理论。

我们认为，正确处理经济发展与环境的关系，必须衡量经济发展与环境相互制约的临界点，把发展带来的环境问题限制在一定范围内，在不降低环境质量的要求下，使经济能够持续发展。

第四节　中华人民共和国水污染防治法

一、《水污染防治法》的颁布

1984 年 5 月 11 日，第六届全国人民代表大会常务委员会第五次会议通过《中华人民共和国水污染防治法》（以下简称《水污染防治法》）。根据 1996 年 5 月 15 日第八届全国人民代表大会常务委员会第十九次会议《关于修改〈中华人民共和国水污染防治法〉的决定》第一次修改。2008 年 2 月 28 日，第十届全国人民代表大会常务委员会第三十二次会议修订。根据 2017 年 6 月 27 日第十二届全国人民代表大会常务委员会第二十八次会议《关于修改〈中华人民共和国水污染防治法〉的决定》第二次修正，该法于 2017 年 6 月 27 日通过，由中华人民共和国主席会第 70 号公布，自 2018 年 1 月 1 日起施行。

二、《水污染防治法》的主要内容

总则第一条："为了保护和改善环境，防治水污染，保护水生态，保障饮用水安全，维护公众健康，推进生态文明建设，促进经济社会可持续发展，制定本法。"

第四条第二款已修改为："地方各级人民政府对本行政区域的水环境质量负责。应当及时采取措施防治水污染。"

第五条："省、市、县、乡建立河长制，分级分段组织领导本行政区域内江河、湖泊的水资源保护、水域岸线管理、水污染防治、水环境治理等工作。"

第十七条："有关市、县级人民政府应当按照水污染防治规划确定的水环境质量改善目标的要求，制定限期达标规划，采取措施按期达标。"

第十八条："市、县级人民政府每年在向本级人民代表大会或者常务委员会报告环境现状和环境保护目标完成情况时，应当报告水环境质量限期达标规划执行情况，并向社会公开。"

原第十八条已改为第二十条："国家对重点水污染排放实施总量控制制度。""对超过重点水污染物排放量控制指标或者未完成水环境质量改善目标的地区，省级以上人民政府环境保护主管部门应当会同有关部门约谈该地区人民政府的主要负责人，并暂停审批新增重点水污染物排放总量的建设项目的环境影响评价文件，约谈情况应当向社会公开。"

原法第二十条改为第二十一条："禁止企业事业单位和其他生产经营者无排污许可证或者违反排污许可证的规定向水体排放前款规定的废水、污水。"

第二十五条："国家建设水环境质量监测和水污染物排放监测制度。……"

第二十七条："国务院有关部门和县级以上地方人民政府开发、利用和调节、调度水资源时，应当统筹兼顾，维持江河的合理流量和湖泊、水库以及地下水体的合理水位。保障基本生态用水，维护水体的生态功能。"

第二十八条："国务院环境保护主管部门应当会同国务院水行政等部门和有关省、自治区、直辖市人民政府，建立重要江河、湖泊的流域水环境保护联合协调机制，实行统一规划、统一标准、统一监测、统一的防治措施。"

第二十九条：有关部门要"根据流域生态环境功能需要，明确流域生态环境保护要求，组织开展流域环境资源承载能力监测、评价，实施流域环境承载能力预警。"

第三十二条：有关部门"根据对公众健康和生态环境的危害和影响程度，公布有毒有害水污染物名录，实行风险管理。"

第四十二条："报废矿井、钻井或者取水井等，应当实施封井或者回填。"

第五十一条："城镇污水集中处理设施的运营单位或者污泥处理处置单位

应当安全处理处置污泥，保证处理处置后的污泥符合国家标准，并对污泥的去向等进行记录。"

第五十二条："国家支持农村污水、垃圾处理设施的建设，推进农村污水、垃圾集中处理。"

第五十三条："制定化肥、农药等产品的质量标准和使用标准，应当适应水环境保护要求。"

第五十五条：有关部门"应当采取措施，指导农业生产者科学、合理地施用化肥和农药，推广测土配肥技术和高效低毒残留农药，控制化肥和农药的过度使用，防止造成水污染。"

第六十九条：有关部门"对饮用水水源保护区、地下水型饮用水源的补给区及供水单位周边区域的环境状况和污染风险进行调查评估，筛选可能存在的污染风险因素，并采取相应的风险防范措施。"

第七十一条：有关部门"应对供水水质负责，确保供水设施安全可靠运行，保证供水水质符合国家有关标准。"

第七十二条：有关部门"应当组织有关部门监测、评估本行政区域内饮用水水源、供水单位供水和用户水龙头出水的水质等饮用水安全状况。"

第八十三条："未依法取得排污许可证排放水污染物的；超过水污染物排放标准或超过重点水污染物排放总量控制指标排放污水污染物的；利用渗井、渗坑、裂隙、溶洞，私设暗管，篡改、伪造监测数据，或者不正常运行水污染防治设施等逃避监管的方式排放水污染物的；未按照规定进行预处理，向污水集中处理设施排放不符合处理工艺要求的工业废水的。"（有以上行为之一）有关部门要"责令改正或者责令限制生产、停产整治，并处十万元以上一百万元以下的罚款；情节严重的，报经有批准权的人民政府批准，责令停业、关闭。"

第九十五条："企业事业单位和其他生产经营者违法排放污染物，受到罚款处罚，被责令改正的，依法做出处罚决定的行政机关应当组织复查，发现其继续违法排放水污染物或者拒绝、阻挠复查的，依照《中华人民共和国环境保护法》的规定按日连续处罚。"

三、《水污染防治法》的意义

（一）水资源及其功能

水资源是指在一定经济技术条件下可以被人类利用并能逐年恢复的淡水的

总称。水资源包括地表水和地下水。海水的开发、利用、保护和管理，依照有关法律规定执行。

水是地球环境的基本组成因素之一，是一切生命的源泉，是人类生存和发展不可或缺的自然资源。作为资源，水是人和一切动植物赖以生存和发展不可或缺的环境条件，是人类社会生活和生产活动所必需的物质基础，也是维持人类社会发展的主要能源之一。

在我国，水资源总量丰富，但人均量少。在北方干旱、半干旱地区，地表水资源早已不敷使用，地表水的匮乏迫使人们大量开采地下水，如今地下水资源也面临枯竭的危险。在南方，水资源相对丰富，但一些城市和地区，由于超量开采和利用，也出现了水资源短缺及严重污染事件。

在水害方面，中国也是多灾区，严重的洪涝灾害几乎年年都有。1998年长江和松花江洪水事件导致了数千人丧生和上千亿财产损失。加强对水资源的管理，保护和合理开发利用水资源，防治水害，是国家可持续发展的基本要求之一，关系到中华民族的未来。

（二）《水法》及水资源保护

20世纪80年代以来，国家颁布了一系列用水、管理水的法律法规，如：《中华人民共和国水法》（以下简称《水法》）于1998年1月21日第六届全国人民代表大会常务委员会第二十四次会议通过，2002年8月29日，第九届全国人民代表大会常务委员会第二十九次会议修订通过，2009年8月27日，第十一届全国人民代表大会常务委员会第十次会议修订通过，2016年7月2日第十二届全国人民代表大会常务委员会第二十一次会议修订通过；《中华人民共和国河道管理条例》于1988年6月发布；《取水许可证制度实施办法》于1993年8月发布；《城市供水条例》于1994年7月发布；《城市节约用水管理规定》于1988年12月发布；《饮用水水源保护区污染防治管理规定》于1989年7月发布。

我国《水法》规定了一系列管理制度，如：水资源规划制度、水的中长期供求规划制度、用水总量控制和定额管理制度、水功能区划制度、饮用水水源保护区制度、取水许可证制度、征收水资源费制度、用水收费制度等。

我国《水法》严禁下列严重破坏、浪费、污染水资源的行为：

1.禁止在饮用水水源保护区内设置排污口。

2.禁止在河口、湖泊、水库、运河、渠道内弃置、堆放阻碍行洪的物体和种植阻碍行洪的林木及高秆作物。

3. 禁止在河道管理范围内建设妨碍行洪的建筑物、构筑物，或者从事影响河道稳定、危害河岸堤坝安全和其他妨碍河道行洪的活动。

4. 禁止围湖造地。

5. 禁止围垦河道。

我国《水法》还大大加强了对违法者的追责规定，这涉及：

1. 执法人员的违法责任。

2. 违法建设的责任。

3. 扩大排污口的责任。

4. 违反节水规定的责任。

5. 违反取水的责任。

6. 不按规定缴纳水资源费的责任。

7. 水事纠纷处理过程中违法责任。

8. 水事侵权责任。

第五节　中华人民共和国土地管理法

一、《土地管理法》的颁布施行

《中华人民共和国土地管理法》（以下简称《土地管理法》）于 1986 年 6 月 25 日第六届全国人民代表大会常务委员会第十六次会议通过。根据 1988 年 12 月 29 日第七届全国人民代表大会常务委员会第五次会议《关于修改〈中华人民共和国土地管理法〉的决定》第一次修正。1998 年 8 月 29 日第九届全国人民代表大会常务委员会第四次会议修订。根据 2004 年 8 月 28 日第十届全国人民代表大会常务委员会第十一次会议《关于修改〈中华人民共和国土地管理法〉的决定》第二次修正。

二、《土地管理法》的主要内容

《土地管理法》共有八章八十六条。

总则第一条明确了立法宗旨："为了加强土地管理，维护土地的社会主义公有制，保护、开发土地资源，合理利用土地，切实保护耕地，促进社会经济的可持续发展，根据宪法，制定本法。"

第二条基本土地制度："中华人民共和国实行土地的社会主义公有制，即全民所有制和劳动群众集体所有制。"

第三条土地基本国策："十分珍惜、合理利用土地和切实保护耕地是我国的基本国策。各级人民政府应当采取措施，全面规划，严格管理，保护、开发土地资源，禁止非法占有土地的行为。"

第四条土地用途管理制度："国家编制土地利用总体规划，规定土地用途，将土地分为农用地、建设用地和未利用地。严格限制农用地转为建设用地，控制建设用地总量，对耕地施行特殊保护。""前款所称农用地是指直接用于农业生产的土地，包括耕地、林地、草地、农田水利用地、养殖水面等；建设用地是指建造建筑物、构筑物的土地，包括城乡住宅和公共设施用地、工矿用地、交通水利设施用地、旅游用地、军事设施用地等；未利用地是指农业地和建设用地以外的土地。""使用土地的单位和个人必须严格按照土地利用总体规划确定的用途使用土地。"

第八条规定："城市市区的土地属于国家所有。""农村和城市郊区的土地，除由法律规定属于国家所有的以外，属于农民集体所有；宅基地和自留地、自留山，属于农民集体所有。"

第十二条：依法登记的土地所有权与使用权受法律保护。"依法改变土地权利和用途的，应当办理土地变更登记手续。"

第十四条：关于农民集体所有土地承包经营权，"农民集体所有的土地由集体经济组织的成员承包经营，从事种植业、林业、畜牧业、渔业生产。土地承包经营期限为三十年。发包方和承包方应当订立承包合同，约定双方的权利和义务。……农民的土地承包经营权受法律保护。""在土地承包经营期限内，对个别承包经营者之间承包的土地进行适当调整的，必须经村民会议三分之二以上成员或者三分之二以上村民代表的同意，并报乡（镇）人民政府和县级人民政府农业行政主管部门批准。"党的十九大报告提出，土地承包经营期限再延长三十年。

第十五条："国有土地可以由单位或者个人承包经营，从事种植业、林业、畜牧业、渔业生产。农民集体所有的土地，可以由本集体经济组织以外的单位或者个人承包经营，从事种植业、林业、畜牧业、渔业生产。发包方和承包方应当订立承包合同，约定双方的权利和义务。土地承包经营的期限由承包合同约定。承包经营土地的单位和个人，有保护和按照承包合同约定的用途合理利用土地的义务。"农民集体所有的土地由本集体经济组织以外的单位或者个人承包经营的，必须经村民会议三分之二以上成员或者三分之二以上村民代表的同意，并报乡（镇）人民政府批准。"

第十六条："土地所有权和使用权争议，由当事人协商解决；协商不成的，由人民政府处理。""单位之间的争议，由县级以上人民政府处理，个人之间、个人与单位之间的争议，由乡级人民政府或者县级以上人民政府处理。"

第十九条："土地利用总体规划按照下列原则编制：（一）严格保护基本农田，控制非农业建设占用农用地；（二）提高土地利用率；（三）统筹安排各类、各区域用地；（四）保护和改善生态环境，保障土地的可持续利用；（五）占用耕地与开发复垦耕地相平衡。"

第三十四条："国家实行基本农田保护制度。……"

第三十五条："各级人民政府应当采取措施，维护排灌工程设施，改良土壤，提高地力，防止土地荒漠化、盐渍化、水土流失和污染土地。"

第三十六条："非农业建设必须节约使用土地，可以利用荒地的，不得占用耕地；可以利用劣地的，不得占用好地。""禁止占用耕地建窑、建坟或者擅自在耕地上建房、挖沙、采石、采矿、取土等。""禁止占用基本农田发展林果业和挖塘养鱼。"

第三十九条第二款："根据土地利用总体规划，对破坏生态环境开垦、围垦的土地，有计划有步骤地退耕还林、还牧、还湖。"

第六十六条："县级以上人民政府土地行政主管部门对违反土地管理法律、法规的行为进行监督检查。"

第七十三条："买卖或者以其他形式非法转让土地的，由县级以上人民政府土地行政主管部门没收违法所得；对违反土地利用总体规划擅自将农用地改为建设用地的，限期拆除在非法转让的土地上新建的建筑物和其他设施，恢复土地原状，对符合土地利用总体规划的，没收在非法转让的土地上新建的建筑物和其他设施；可以并处罚款；对直接负责的主管人员和其他直接责任人员，依法给予行政处分；构成犯罪的，依法追究刑事责任。"

二、《土地管理法》颁布实施的意义

土地是人类生存和发展的物质基础，包括耕地、林地、草地、河流、湖泊、城乡住宅和公共设施用地、工矿用地、交通水利设施用地、旅游用地、军事设施用地等，具有有限性、不可代替性、永久性、不可移动性等基本特征。

土地又是人们最基本的生活资料，在我国土地不允许私人所有，实行社会主义公有制，具体分为全民所有制和集体所有制。为了使土地这种宝贵的自然资源得到更为优化的配置，我国实行土地所有权和使用权分离制度，虽然土地所有权本身不能转让，但是土地使用的权利可以转让。国家对土地的征收和征用，是土地所有权转让的例外形式。

我国实行国有土地有偿使用制度，农民集体所有土地依法属于村民集体所有，由村集体经济组织或者村民委员会经营、管理。农民集体所有的土地，由县级人民政府登记造册，颁发证书，确认所有权。这些土地可以由本集体经济组织的成员，或本集体经济组织之外的单位、个人承包经营。

国家对土地所有权和使用权的争议和解决作了法律规定，对耕地保护作了严格规定，对破坏生态环境开垦、围垦的土地，要求退耕还林、还牧、还湖，对买卖或者以其他形式非法转让土地的法律责任作了明确规定。

上述规定对持续、保护和开发利用土地这一珍贵的自然资源及生态环境意义重大。

《土地管理法》是调整土地关系的基础性法律，是社会主义法律体系中不可缺失的重要内容，也是生态文明建设法制化、制度化、现代化的重要组成部分。

第六节　中华人民共和国大气污染防治法

一、大气圈

大气，通俗讲就是空气。大气圈、水圈、岩石圈是地球原始形成的。充足的阳光、适宜的空气和温度、大量液态水、地表营养元素的存在，为地球生命的诞生创造了条件。大气圈、水圈及岩石圈的变迁，推动地球生命不断进化。

包围地球的气体层，往往也称大气层。大气圈的底界为地面，越向上大气密度越稀薄，最后逐步过渡到星际空间。对地面天气有直接影响的大气层厚度约为20～30千米。大气层按其成分、温度、密度等物理性质在垂直方向上的变化，可分为对流层、平流层、中间层、暖层和散逸层；按电离状况，可分为中性层、电离层和磁层。

现在大气圈内空气的质量已经牵动了每个人的心，因为它关系到人类的生活质量和生活环境。特别是吸烟的人，不但自身吸了有害气体，而且对环境大气造成污染，对他人造成危害，因此戒烟也是爱护环境、维护生态环境、珍爱生命的具体表现。

二、国务院大气污染防治十条

2013 年 6 月 14 日，国务院召开常务会议，确定了大气污染防治十条措施，包括减少污染物排放，严控高耗能、高污染行业新增耗能，大力推进清洁生产，加快调整能源结构，强化节能环保指标约束，推行激励与约束并举的节能减排新机制，加大排污费征收力度，加大对大气污染防治的信贷支持等。

具体内容为：

一是减少污染物排放。全面整治燃煤小锅炉，加快重点行业脱硫脱硝除尘改造。整治城市扬尘。提升燃油品质，限期淘汰黄标车。

二是严控高耗能、高污染行业新增产能，提前一年完成钢铁、水泥、电解铝、平板玻璃等重点行业"十二五"落后产能淘汰任务。

三是大力推行清洁生产，重点行业主要大气污染排放强度到 2017 年底下降 30% 以上。大力发展公共交通。

四是加快调整能源结构，加大天然气、煤制甲烷等清洁能源的供应。

五是强化节能环保指标约束，对未通过能评、环评的项目，不得批准开工建设，不得提供土地，不得提供贷款支持，不得供电供水。

六是推行激励与约束并举的节能减排新机制，加大排污费征收力度，加大对大气污染防治的信贷支持。加强国际合作，大力培育环保、新能源产业。

七是用法律、标准倒逼产业转型升级。制定、修订重点行业排放标准，建议修订大气污染防治等法律。强制公开重污染行业企业环境信息。公布重点城市空气质量排名。加大违法行为处罚力度。

八是建立环渤海包括京津翼、长三角、珠三角等区域联防联控机制，加强人口密集地区和重点大城市 PM2.5 治理，构建对各省（区市）的大气环境整治目标责任考核体系。

九是将重污染天气纳入地方政府突发事件应急管理，根据污染等级及时采取重污染企业限产限排、机动车限行等措施。

十是树立全社会"同呼吸、共奋斗"的行为准则，地方政府对当地空气质量负总责，落实企业治污主体责任，国务院有关部门协调联动，倡导节约、绿色消费方式和生活习惯，动员全民参与环境保护和监督。

三、气候诉讼案例

据美国《大西洋月刊》报道：20世纪90年代烟草大战期间，律师史蒂夫·萨思曼和斯蒂夫·伯曼在法庭上是对立的双方。伯曼代表13个州试图获得与吸烟有关的医疗费用补偿，当时人们认为这完全是不切实际的空想，但他想出了一个重创烟草行业的战略，即强调烟草公司阴谋欺骗公众，刻意隐瞒吸烟对人体健康的危害。而萨思曼则拒绝了代表马萨诸塞州和得克萨斯州起诉香烟生产商的提议，而是选择为菲利普·莫里斯公司辩护，直到1998年，烟草行业才以2000亿美元的代价摆平了官司，这是有史以来数额最大的一个关于大气污染的民事赔偿协议。

如今，时光走到21世纪，两位律师在法庭上站在了通道的同一边，携手处理一些与当年战胜烟草业巨头一样似乎同样不大可能的案件。

但在我国，目前开展气候诉讼的条件还不成熟。

四、打赢蓝天保卫战

在党的十九大制定的生态文明建设方针的指引下，在党和各级政府的正确领导下，全国各地掀起了贯彻《大气污染防治十条措施》、打赢蓝天保卫战热潮。如北京市近期颁布了该项目的三年行动计划，这是未来三年北京大气治理的纲领性方案。行动方案提出，从2018年至2020年，首都将以细颗粒物PM2.5治理为重点，以精治为手段，共治为基础，法治为保障，聚焦柴油货车、扬尘、挥发性有机物治理等重点防治领域，优化调整运输结构、产业结构、能源结构和用地结构，强化区域联防联控，坚决打赢蓝天保卫战。到2020年，北京市空气质量改善目标在"十三五"规划目标（50微克/立方米）的基础上进一步提高，PM2.5浓度明显降低，重污染天数明显减少，环境空气质量明显改善，市民的"蓝天幸福感"明显增强。

第七节　中华人民共和国土壤污染防治法

一、目的和意义

2018 年 8 月 31 日，全国人大常委会第五次会议通过《中华人民共和国土壤污染防治法》（以下简称《土壤污染防治法》），共七章九十九条。该法宗旨："为了保护和改善生态环境，防止土壤污染，保障公众健康，推动土壤资源永续利用，推动生态文明建设，促进经济社会可持续发展，制定本法。"

土壤是构成生态系统的基本要素之一，是人类赖以生存的物质基础，是人类社会不可或缺的宝贵资源。资料显示，我国土壤总的点位超标率为 16.1%，其中轻微、轻度、中度和重度污染点位比例分别为 11.2%、2.3%、1.5% 和 1.1%。目前，我国尚缺乏有关土壤污染的专门法律，部分措施分散规定在有关环境保护、固体废物、土地管理、农产品质量安全等的法律中。土壤污染防治的标准体系不健全，要求不明确，责任不清晰，监管部门缺少有效的法律依据，因此，制定颁布执行土壤污染防治法，建立有效的法律制度和配套的标准、规范，对于依法规范土壤污染防治行为，最大限度地减少土壤污染，保障农产品质量安全和公众健康，具有十分重要的意义。

二、《土壤污染防治法》基本内容

《土壤污染防治法》有七章九十九条。总则有十条。第二章规划、标准、普查和监测共七条。第三章预防和保护，共十七条。第四章风险管控和修复，共三十四条。第五章保障和监督，共十六条。第六章法律责任，共十四条。第七章附则，共一条。本法自 2019 年 1 月 1 日起施行。

总则部分除立法目的外，明确提出："在中华人民共和国领域及管辖的其他海域从事土壤污染防治与相关活动，适用本法。""本法所称土壤污染，是指因人为因素导致某种物质进入陆地表层土壤，引起土壤化学、物理、生物等方面特性的改变，影响土壤功能和有效利用，危害公众健康或者破坏生态环境的现象。""土壤污染防治法应当坚持预防为主、保护优先、分类管理、风险管理、污染担责、公众参与的原则。""任何组织和个人都有保护土壤、防止土壤污染的义务。"国务院、地方人民政府生态环境主管部门对"土壤污染防治工作实施统一监督管理。""国家建立土壤环境信息共享机制。""国家支持土壤污染风险管控和修复、检测等污染防治科学技术研究开发、成果转化和推广应用，鼓励土壤污染防治产业发展"及这方面的国际交流。应当加强这方面的宣传教育、科学普及，以增强公众土壤污染防治意识。

第二章规划、标准、普查和检测，《土壤污染防治法》有许多规定。如第十七条提到应对"建设用地地块进行重点监测：（一）曾用于生产、使用、储存、回收、处置有毒有害物质的；（二）曾用于固体废物堆放、填埋的；（三）曾发生过重大、特大污染事故的；（四）国务院生态环境、自然资源主管部门规定的其他情形。"

第三章预防和保护方面提到，建立土壤隐患排查制度，规定实施自行检测方案。要"制定农药、兽药、肥料、饲料、农用薄膜等农业投入品及其包装物标准和农田灌溉用水水质标准，应当适应土壤污染防治要求。""禁止生产、销售、使用国家明令禁止的农业投入品。"

国家将农用地分为有限保护类、安全利用类和严格管控类。

对建设用地实行"土壤污染风险管控和修复名录制度。"

国家将采取"有利于土壤污染防治的财政、税收、价格、金融等经济政策和措施。"

在法律责任方面，具体提到违反本法由主管部门"责令改正，处以罚款；拒不改正的，责令停产整治。""污染土壤造成他人人身或者财产损害的，应当依法承担侵权责任。"违反本法规规定，"构成犯罪的，依法追究刑事责任。"

第八节　商务部、中央文明办、发改委、教育部、生态环境部等九部门《关于推动绿色餐饮发展的若干意见》

一、《意见》的出台和施行

2018年5月21日，商务部会同中央精神文明建设指导委员会办公室、国家发展和改革委员会、教育部、生态环境部、住房和城乡建设部、人民银行、国家机关事务管理局、银保监会等九部门印发了《关于推动绿色餐饮发展的若干意见》（简称《意见》）。《意见》出台背景是：党的十九大提出，要推动绿色发展，满足人民日益增长的美好生活需要。习近平总书记在政治局集体学习时强调，"要推动形成绿色发展方式和生活方式，为人民群众创造良好生产生活环境"。推动绿色餐饮发展，建立健全餐饮业节能、节约发展模式，提供"放心、健康"的餐饮服务，倡导绿色低碳的生活方式，满足人民群众过上美好生活的新期待，是贯彻落实十九大精神的具体举措。

2017 年 7 月以来，商务部会同中央精神文明建设指导委员会办公室印发了《关于推动餐饮行业深入开展"厉行勤俭节约反对餐饮浪费"工作的通知》（商服贸发〔2017〕385 号），地方商务主管部门积极推动落实，组织各地行业协会发布倡议书、出台节约标准、制定行业公约，及时总结成功经验和典型，引导和鼓励广大餐饮企业强化社会责任、增强节约能力。中央电视台、《人民日报》等主要媒体以及各地电视台挖掘、报道了一批餐饮节约的成功经验和优秀典型，节约观念深入人心，餐饮浪费现象大幅减少。

为深入开展餐饮厉行节约工作，推动绿色餐饮，商务部按照党的十九大要求，广泛征求餐饮企业、行业中介组织等社会机构的意见，与中央文明办等相关部门反复沟通、集思广益，不断修改完善，联合印发了《意见》。

二、《意见》的主要特点

《意见》着眼于满足人民群众日益增长的美好生活需要，以供给侧结构性改革为主线，积极践行绿色发展新理念。主要有以下特点：一是突出餐饮全行业产业链绿色发展。餐饮服务包括采购、加工、配送、消费、废弃物处置等多个环节，绿色餐饮主体的管理涉及采购、配送、服务等多个方面。《意见》结合餐饮服务的各个环节，提出了相应的具体要求，全方位推动绿色餐饮发展。二是坚持多策并举推动绿色餐饮发展。餐饮业市场化程度高，不能简单地用行政方式进行管制，更多依靠市场主体和消费者的自觉行动。为此，《意见》提出要健全绿色餐饮标准体系、提倡绿色发展理念、培育绿色餐饮主体，多管齐下推动绿色餐饮发展。三是强调多部门联动配合。推动绿色餐饮发展的环节多，涵盖精神文明建设、环保标准、餐厨垃圾处理、机关事务管理等多个领域，需要多部门共同推动、齐抓共管，强化信息资源共享与合作，进一步完善各类相关政策，形成工作合力。

三、《意见》的主要内容

《意见》坚持市场主导、政府引导、精准施策的基本原则，以供给侧结构性改革为主线，提出了推动绿色餐饮发展的主要任务：一是健全绿色餐饮标准体系。加快形成国家标准、行业标准、地方标准与企业标准相互配套、相互补充的绿色餐饮标准体系。制定绿色餐饮服务和管理标准，完善绿色餐饮评价标准。二是构建大众化绿色餐饮服务体系。鼓励绿色餐饮企业发展连锁经营，进社区、进学校、进医院、进办公集聚区、进交通枢纽等重要场所，建设便民服务网络。加快发展早餐、团餐、特色小吃等服务业态，优先供应面向老人、中小学生等特定群体的服务品种。三是促进绿色餐饮产业化发展。支持餐饮企业建立"生产＋配送＋门店"绿色餐饮供应链，引导餐饮企业减少使用一次性产品，打造绿色餐饮服务链。四是培育绿色餐饮主体。宣传推广绿色餐饮标准，支持各地商务等相关部门健全绿色餐饮工作机制，开展绿色餐饮标准培训，举办绿色餐饮宣传活动。推动餐饮企业、机关和高校食堂落实绿色餐饮各项标准，培育一批绿色餐厅、绿色餐饮企业（单位）、绿色餐饮街区。五是倡导绿色发展理念。鼓励餐饮企业将绿色发展理念融入服务人员行为规范，加强职业道德教育，使绿色发展理念变成服务人员自觉行动。将"绿色餐饮"理念纳入"文明城市文明单位创建"等内容，推动绿色餐饮理念进机关、进乡村、进社区、进学校、进企业。

《意见》提出，到 2022 年，初步建立绿色餐饮仓储、加工、管理、服务以及自助餐、宴席等重点领域的标准体系，严格绿色餐饮准入，推动形成绿色餐饮发展的常态化、制度化机制，将绿色理念融入生产消费的全过程，培育 5000 家绿色餐厅，每万元营业收入（纳税额）减少 20% 以上的餐厨废弃物和能耗。

四、《意见》明确的保障措施

《意见》提出了四个方面的保障措施：一是强化部门联动配合。商务部、中央文明办、发展改革委、教育部、生态环境部、住房城乡建设部、人民银行、国管局、银保监会等相关部门按照职责分工制定推动绿色餐饮发展的相关措施。二是切实加强宣传推广。加大对绿色餐饮的宣传力度，适时曝光污染突出、浪费严重的典型案例，强化政府推动餐饮业绿色发展的舆论导向。鼓励各地认真总结推动绿色餐饮发展的成功经验和做法，报送优秀典型和案例，及时安排采访报道。三是完善配套政策支持。对于绿色餐饮项目，可按当地规定申请贴息支持。鼓励银行保险等金融机构在风险可控、商业可持续前提下，加大对绿色餐饮企业的支持。四是充分发挥协会作用。加强中介组织建设，探索制定餐饮行业厉行节俭节约公约，组织开展餐饮节约和绿色发展的实践活动，强化行业自律，及时总结餐饮节约的成功经验和典型案例，提升节约水平。

五、《意见》的组织实施

为保证《意见》的顺利实施，真正发挥对绿色餐饮发展的引导作用，商务部将会同相关部门采取多项措施强化落实：一是推动各地认真抓好《意见》的组织实施工作，在年底进行考核验收；二是加强与中央文明办等部门沟通配合，协调解决《意见》实施中的重大问题，逐步出台完善政策措施；三是要求各地加强与企业沟通，及时吸收企业的合理意见和建议，进一步健全绿色餐饮工作体系。①

第九节 《餐饮服务食品安全操作规范》

一、发布公告

市场监管总局关于发布餐饮服务食品安全操作规范的公告

〔2018 年第 12 号〕

为指导餐饮服务提供者规范经营行为，落实食品安全法律、法规、规章和规范性文件要求，履行食品安全主体责任，提升食品安全管理能力，保证餐饮食品安全，市场监管总局修订了《餐饮服务食品安全操作规范》，现予以发布，自 2018 年 10 月 1 日起施行。

特此公告

附件：餐饮服务食品安全操作规范

二、《规范》的基本内容（目录）

1. 总则

2. 术语与定义

3. 通用要求

---

① 摘自中华人民共和国商务部网站《商务部服贸司负责人解读〈商务部等 9 部门关于推动绿色餐饮发展的若干意见〉》。

4. 建筑场所与布局

5. 设施设备

6. 原料（含食品添加剂和食品相关产品）管理

7. 加工制作

8. 供餐、用餐与配送

9. 检验检测

10. 清洗消毒

11. 废弃物管理

12. 有害生物防治

13. 食品安全管理

14. 人员要求

15. 文件和记录

16. 其他

附录

第五章　生态环保相关制度

第一节　生态环保制度的指导原则

一、生态环保应遵循的指导原则

生态环保应遵循尊重和体现生态规律的原则。《中国自然保护纲要》将生态学的基本规律归纳为以下六类：1."物物相关"律，即自然界中各种事物之间有着相互联系、相互制约、相互依存的关系。2."相生相克"律，即在生态系统中，每一种生物都占据一定的位置，具有特定的作用，它们相互依赖、相互制约、协同进化。3."能流物复律"，即在生态系统中，能量在不断地流动，物质在不停地循环。4."负载定额律"，即任何生态系统都有一个大致的负载（承受）能力上限，包括一定的生物生产能力、吸收净化污染物的能力、忍受一定程度的外部冲击能力。5."协调稳定律"，即只有在结构和功能相对协调时，生态系统才是稳定的。6."时空有宜"律，即每一个地方都有其特定的自然和社会经济条件组合，构成独特的区域生态系统，老百姓的话叫作"一方水土养一方人"。

二、什么是可持续发展？

可持续发展是一种基于生态学、伦理学理念的发展观，这个概念最初是由挪威前首相布兰特朗夫人领导的世界环境与发展委员会（WCEO）于1987年在其报告《我们共同的未来》中首先提出的，它是指"既满足当代人需要，又不对后代人满足其需要的能力构成危害的发展"。这个概念首先强调需要，尤其是世界上贫困人民的基本需要，应放在特别优先的地位来考虑，其次是限制，即技术状况和社会组织对环境满足眼前和将来需要的能力施加的限制。

联合国环境和发展大会在 1992 年《里约环境与发展宣言》中对可持续发展作了进一步阐述："人类应享有与自然和谐的方式过健康而富有成果的生活的权利,并公平地满足今世后代在发展和环境方面的需要。"

在 1992 年联合国环境与发展大会上通过的《21 世纪议程》指出,各国立法的变革是实现可持续发展的基本要求。1994 年,中国政府批准实施《中国 21 世纪议程》,并将开展对现行政策和法律的全面评价,制定可持续发展的法律、政策体系,突出经济、社会和环境之间的联系与协调。通过法规约束、政策引导和调控,推进经济、社会与环境的协调发展,作为可持续发展战略与重大行动的首项行动。

三、突出运用环境经济学的方法

突出运用环境经济学的方法,是指在处理环境与资源问题时,应当将环境效益的损益分析方法和对法律规范的成本——效益分析方法分别运用于开发行为的预测、评价、管理以及拟定(或既定)法律制度的设计与分析之中,以实现社会、经济、环境三方面效益的均衡,其中包括设计直接管制方法和经济刺激方法两大类。

直接管制就是由国家制定环境法律,以行政控制标准的形式规定活动者产生外部不经济性的允许数量和方式,定义分为末端管理和全程管制两类。环境的外部不经济性是指在实际经济活动中,生产者或消费者的活动对其他消费者和生产者的超越活动主体范围的利害影响。它包括正、负两方面的影响,正面影响亦称外部经济性,负面影响亦称外部不经济性。经济刺激方式又包括市场刺激和非市场性刺激两类,市场刺激如"排污权"可在市场进行交易,最终达到控制污染排放的目的。非市场性刺激则是由国家通过价格、税收、标志、抵押金、补助金、保险、信贷和收费等手段迫使生产者或消费者把他们的外部费用纳入基层经济决策之中。

第二节　生态环保相关制度

一、全面规划和合理布局

全面规划就是对工业、农业、城市、乡村、生态、生活、经济发展、社会发展、环境生态等各方面的关系作通盘考虑，进而制定国土规划（利用）、区域规划、城市规划、环境规划等，使各项事业得以协调发展。在城市规划中还包括合理功能区的划分。在制定区域、城市和环境规划时，应该根据地区和城市的自然条件、经济发展水平、人口状况、政治、文化、社会建设及地位等制定出一种既能有利于经济和社会发展，合理布局生产、生活，又能维持区域生态平衡，保持环境质量的最佳总体规划方案。

环境污染和生态破坏同生产的不合理布局有重要的内在联系，其中工业生产布局同环境污染有直接关系，农业生产和资源开发的布局同自然环境破坏有直接关系。我们可以把物质生产部门基本分为两大类：一类是直接以自然资源为劳动对象的生产部门，如农、牧、渔、采掘业和部分化工工业，它们的布局直接受到自然条件的制约和影响，并对环境和资源产生一定的损害和消耗。另一类是以第一类生产的产品作为原料和燃料的加工生产部门，它们对自然环境依赖性不大，但大多在生产过程中不同程度地排放各种废弃物而对环境造成污染。这两类生产部门在地区上的分布又直接影响居民点的分布和规划，从而决定城镇的布局、人口密度的分布以及交通、文化设施的分布。由此可见，物质资料生产部门布局的合理性至关重要。

2017 年 9 月 29 日，经中共中央、国务院批准，《北京城市总体规划（2016 年—2035 年）》正式发布。相比以前的草案，主要有三大变化：一是为更好地衔接"两个一百年"奋斗目标，本轮规划期由以前的 2030 年改为 2035 年；二是城市空间结构由"一主一副、两轴多点"改为"一核一主一副、两轴多点一区"；此外，新增单独章节，对支持河北雄安新区规划做出安排，提出建设以首都为核心的世界级城市群。

二、环保目标责任制

环保目标保护责任制是在第二次全国环境保护会议以后，在不少省市开展起来的一种把环境保护的任务定量化、指标化，并层层落实的管理措施，原《环境保护法》第十六条规定："地方各级人民政府应当对本辖区的环境质量负责，采取措施改善环境质量。"

环保目标责任制一般以责任书的形式，具体规定各级领导从省长、市长、区长（县长）直到基层企业的厂长在任期内的环境目标和管理指标，并建立相应的定期减产、考核和奖惩方法。

三、公民参与及公民的环境权

加强国家对环境的管理。维护环境质量，需要公民的广泛参与。国外有的学者提出了"环境公共财产"论、"公共信托"论和"公民环境权"的理论。实践证明这是科学的，中央也肯定"天地之大，黎元为先"，要按照人人参与、人人尽力、人人享有的要求，坚守底线，突出重点，完善制度。

1970年3月，在日本东京召开的一次关于公害问题的国际座谈会上，一位美国环境法教授提出环境权理论。他认为，每一个公民都有在良好环境下生活的权利，公民的环境权是公民最基本的权利之一，应该在法律上得到确认并受法律保护。会议采纳了这个建议，在发表的《东京宣言》第五项中提出：我们请求，把每个人享有的健康和福利等不受侵害的环境权和当代人传给后代的遗产应是一种富有自然美的自然资源的权利，作为一种基本人权，在法律体系中确定下来。

1972年的《联合国人类环境会议宣言》也规定了类似的原则，如宣言中提出：人类有权在能够过尊严和福利生活的环境中，享有自由、平等和良好生活条件的基本权利。

我国《宪法》规定："中华人民共和国的一切权利属于人民。"人民依照法律规定，通过各种途径和形式，管理国家事务，管理经济和文化事业，管理社会事务。根据这一规定，我国公民可以广泛参与国家的环境管理。

四、环境影响评价制度

对规划和建设项目实施后可能造成的环境影响进行分析、预测和评价，提出预防或者减轻不良环境影响的对策和措施，经主管当局批准后才能进行，这就是环境影响评价制度。

环境影响评价制度首创于美国。1969年，美国的《国家环境政策法》把环境影响评价作为联邦政府在环境管理中必须遵循的一项制度。20世纪70年代末，美国绝大多数州先后建立了各种形式的环境影响评价制度，1977年，纽约还制定了专门的《环境质量评价法》。

环境影响评价是环境质量评价的一种。环境质量评价一般包括三类：第一类是回顾评价，即根据历史资料，了解地区过去的环境质量及其演变。第二类是现状评价，即根据监测、调查的材料，对环境质量的现状作出评价。第三类是预断评价，即根据发展规划对未来环境状况作出评价。

环境影响评价属于预断性的评价，但环境质量影响评价制度，又不同于一般的预断评价。它不只是通过评价对未来环境状况作一般性的了解，而且要求在作可能对环境有影响的规划、开发和建设时，必须事先调查、预测和评价其对周围环境产生的影响以及应采取的防范措施，并提出环境影响报告书，经过审查批准后，才能进行规划、开发和建设。它是一项决定规划、开发和建设项目能否进行的具有强制性的法律制度。

我国在 1979 年《环境保护法（试行）》中规定，试行环境影响评价报告书制度。1986 年颁布了《建设项目环境保护管理办法》。1998 年对《建设项目环境保护管理办法》作了修改，颁布了《建设项目环境保护管理条例》，针对评价制度实行多年的情况，对评价范围、内容、程序、法律责任等作了修改、补充，从而在我国确立了完整的环境影响评价制度。

我国的《环境影响评价法》把环境评价的范围分为规划和建设项目两大类：

第一类规划，分为综合利用规划（包括土地利用的有关规划，区域、流域、海域的建设开发利用规划）和专项规划（包括工业、农业、畜牧业、林业、能源、水利、交通、城市建设、旅游、自然资源开发）两大部分。

第二类建设项目，根据《建设项目环境保护管理条例》和《环境影响评价法》，对建设项目根据其对环境影响的程度，实行分类管理。

1. 对环境可能造成重大影响的建设项目，应当编制环境影响报告书，对建设项目产生的污染和环境影响进行全面、详细的评价。

2. 对环境可能造成轻度影响的建设项目，应当编制环境影响报告表，对建设项目产生的污染和环境影响进行分析或者专项评价。

3. 对环境影响很小的建设项目，不需要进行环境影响评价的，应当填写环境影响登记表。

上述管理的名录由相应的环境主管部门制定并发布。

在我国，综合规划和专项规划评价涉及三方面：实施该项目（规划）对环境可能造成影响的分析、预测和评估；预防或减轻不良环境影响的对策和措施；环境影响评价的结论。

建设项目环境影响评价的内容，包括：

1. 建设项目概况。

2. 建设项目周围环境现状。

3.建设项目对环境可能造成影响的分析和预测。

4.环境保护措施及其经济、技术论证。

5.环境影响经济损益分析。

6.对建设项目实施环境监测的建设。

7.环境影响评价结论。

环境影响评价制度已经实行了三十多年，发挥了很好的作用，但在执行中（实践）中也存在一些问题，如：

1.审批的依据和批准的掌握情况。

2.谁对评价承担法律责任。

3.环境影响评价的性质问题。

4.基本建设管理程序和环境影响评价程序相结合的问题。

在党和政府的领导下，在具有中国特色社会主义制度的保障下，我们相信这项十分重要的制度会在实践中得到不断的充实完善。

五、"三同时"制度

"三同时"制度最早产生于 1973 年的《关于保护和改善环境的若干规定》，这是我国首创的。1979 年的《环境保护法（试行）》和 1989 年的《环境保护法》重申了"三同时"制度。

"三同时"制度是针对一切新建、改建和扩建的基本项目（包括小型建设项目）、技术改造项目、自然开发项目，以及可能对环境造成损害的其他工程项目，其防治污染和其他公害的设施和其他环境保护设施，必须与主体工程同时设计、同时施工、同时投产，一般简称为"三同时"制度。它是在总结我国环境管理实践经验的基础上为我国法律所确认的一项重要的控制污染的法律制度。

我国在 20 世纪及之前建设的老企业，一般都没有防治污染的设施，这是我国环境污染严重的原因之一。如果新建项目不采取污染防治措施，势必会增加新的污染源，我国将面临一种污染不能控制而且进一步恶化的可怕局面。"三同时"制度是防止新污染产生的卓有成效的法律制度。

"三同时"制度的实行应该和环境影响评价制度结合起来，成为我们贯彻"预防为主"方针的完善、完整的环境管理制度。

1986 年 3 月，我国颁布《建设项目环境保护管理办法》，对"三同时"制度的有效执行补充了如下内容：

1. 凡从事对环境影响的建设项目，都必须执行"三同时"制度。

2. 各级人民政府环保部门对建设项目的环境保护问题实施统一的监督管理，包括：设计任务书中有关环境保护内容的审查，环境影响报告书（表）的审批，建设施工的检查，环保设施的竣工验收，环保设施运转和使用情况的检查和监督。

3. 建设项目的初步设计，必须有环境保护的内容，包括：环境保护措施的设计依据，防治污染的处理工艺流程，预期效果，对资源开发引起的生态变化所采取的防范措施，绿化设计，检测手段，环境保护投资的概预算。

4. 建设项目在正式投产使用前，建设单位要向环保部门提交"环境保护设施竣工验收报告"，证明设施运行情况、治理效果和达到的标准。验收合格，并发给环境保护设施建设项目验收合格证后，方可正式投入使用。

1998 年我国又颁布了《建设项目环境保护管理条例》，规定了违反"三同时"的法律责任。

六、许可证制度

许可证，有时也被称作执照、特许证、批准书等。凡对环境有不良影响的各种规划、开发、建设项目、排污设施或经营活动，其建设者或经营者，均需事先提出申请，经主管部门审批后颁发许可证才能从事该活动，这就是许可证制度。

许可证制度是一项系统的行政管理活动。按行政法规定，这是一项行政行为，即指行政主体在实施行政管理活动、行使行政职权过程中所做的具有法律意义的行为。

许可证的管理程序大致可分为：

1. 申请，即申请人向主管机关提出书面申请，并附有审查必需的各种材料，如图表、证明或其他资料。主管机关有义务为其保密。

2. 审查，一般是在报刊上或官网上公布该项书面申请，在规定时间征求各方面意见，主管机关在听取各方意见后，综合考虑该申请对环境的影响，并对申请进行审查。

3. 决定，审查后作出是否作出许可的决定。

4. 监督，指主管机关对许可证持有人的执行情况随时进行监督检查，包括索取有关资料、检查现场设备，检测排污情况，发出必要的行政命令等。

5.处理，即如果持证人违反许可证规定的义务或限制条件而导致环境损害或其他后果时，主管机关可以终止、吊销许可证，违法者还要被依法追究法律责任。

在我国经常见到排污许可证，即在水环境管理方面，对水环境进行科学化、目标化和定量化管理的一种制度。

水污染排放许可证管理包括以下程序：

1.排污申报登记。

2.确定本地区污染物总量控制目标和分配污染物总量削减目标。

3.排污许可证的审批发放。

4.排污许可证的监督检查和管理。

排污指标有偿转让的问题，承认环境承纳污染物的能力是一种资源，因而具有价值，也涉及排污权（表现为分配到排污单位的排放指标）在同一个地区、同一行业的公平分配问题，这里还涉及许多理论和实践问题，有待进一步研究解决。

七、排污费制度

1978年12月，《环境保护工作汇报要点》首次提出在我国实行征收排污费的制度。

这项制度是指对于向环境排放污染物或者超过国家排放标准排放污染物的排污者，按照污染物的种类、数量和浓度，根据规定征收一定的费用。

1982年12月，国务院在总结22个省、市征收排污费试点的基础上，颁布了《征收排污费暂行办法》。1989年修订的《环境保护法》对征收排污费的问题再次予以重申，并且强调征收的超标排污费必须用于污染的防治，不得挪作他用。

2003年1月国务院公布了新的《排污费征收使用管理条例》，国家环保局等又颁发了《排污费征收标准管理办法》和《排污费资金收缴使用管理办法》，目的依然是加强对排污费征收使用的管理。

根据相关法规规定，排污者应按下列规定缴纳排污费：

1.向大气、海洋排放污染物的，按照排放污染物的种类、数量，缴纳排污费。

2.向水体排放污染物的，按照污染物的种类、数量缴纳，超过国家和地方排放标准的，加倍缴纳排污费。

3. 按照《中华人民共和国固体废物污染环境防治法》的规定，向环境排放污染物，按照污染的种类和数量缴纳。以填埋方式处置危险废弃物不符合国家有关规定的，应缴纳危险废物排污费。

4. 按照噪声污染防治法，产生噪声污染超过国家环境噪声标准的，缴纳排污费。

目前，我国对于收费标准正进行着改革，思路是：

1. 逐渐将单位浓度收费向浓度和总量相结合的方向转变。

2. 从超标收费向排污就收费、超标加倍收费转变。

3. 收费的提高，必须考虑以下因素：①物价指数的变化；②环境要求的提高；③经济发展水平和承受能力；④不同地区、不同地域应有所不同。

八、经济刺激制度

在市场经济和价值规律起作用的条件下，为了使环境污染的外部经济性内部化，在环境管理中应该广泛采用各种经济刺激手段，或把行政管理与经济刺激方式结合起来，这样比单纯行政管理或法律强制更加有效。

根据相关法规，从 20 世纪 80 年代开始，我国普遍采用三种手段来治理污染：财政拨款（拨助）、低息贷款和税收（包括征收排污费）。

由于历史原因，企业污染防治任务很重，而这些企业大多是全民所有制企业，国家对于企业的治污给予一定的财政拨款便更有必要，有的防治费用就是从国家基建投资和更新改造投资中直接支付的。1984 年 6 月，国务院有关部委《关于环境保护资金渠道的规定的通知》第 2 条："各级经委、工交部门和地方有关部门及企业所掌握的更新改造资金中，每年应拿出 7% 用于污染治理；污染严重、治理任务重的，用于污染治理的资金比例可适当提高。"据统计资料显示，仅 2004 年一年我国用于污染治理项目的投资就为 1908.6 亿元。

低息贷款，实际上是一种间接的财政援助。1984 年 5 月，国务院《关于环境保护工作的决定》第六条规定："企业用于防治污染或综合利用'三废'项目的资金，可按规定向银行申请优惠贷款。"中国人民银行在 1995 年的相关文件中规定：对于促进环境保护，有利于改善生态环境的产品或产业，金融机构需要予以贷款支持。

如果说财政援助只起到正刺激的作用，那么税收方式（负税、减税、加税）

则可以起到鼓励和抑制正反两方面的作用。在我国，随着经济改革的进行，企业由上缴利润改为征收所得税，它的调节作用更加明显。1984年5月，国务院《关于环境保护工作的决定》第六条第一、二款规定："采取鼓励综合利用的政策。工矿企业为防治污染、开展综合利用所生产的产品利润五年不上交，留给企业继续治理污染，开展综合利用。这项规定在实行利改税后不变，仍继续执行。""工矿企业用自筹资金和环境保护补助资金治理污染的工程项目，以及因污染搬迁另建的项目，免征建筑税。"1995年财政部相关文件规定：企业开展资源综合利用的项目，5年内减征或免征所得税。对废旧物资加工、污水处理、治理污染、保护环境、节能项目和资源综合利用等投资项目，按固定资产投资方向调节税目，实行零税率。

对从事原油、天然气、煤炭、矿产品和其他非金属矿产品资源开发的单位和个人，则征收资源税。

九、物质循环与清洁生产制度

物质循环与清洁生产制度统称为循环经济制度。

从环境问题产生的原因看，当基本污染物进入环境且超过环境容量的最大负荷时，就会发生环境污染。如果在物质的生产、流通、消费以及废弃等各个环节均采取措施，减少污染物进入环境，使得物质从开发利用到废气回收各个环节循环再生的话，就不仅能够减轻物质进入环境造成的环境污染或破坏，而且可以最大限度地对该污染物进行有效利用，并减少人类对自然资源的开发。像北京市大兴区留民营村就因循环经济出名，并受到联合国有关部门的嘉奖。

1989年，联合国环境规划署提出了清洁生产的概念，并将清洁生产定义为，将污染预防战略持续地应用于生产过程、产品和服务中，通过不断地改善管理和推进技术进步，提高资源利用率，减少污染物的排放，以降低对人类和环境的危害。

我国于2002年6月制定了《中华人民共和国清洁生产促进法》。根据该法的解释，清洁生产是指不断采取改良设计、使用清洁能源和原料、采用先进的工艺技术和设备、改善管理、综合利用等措施，从源头消减污染，提高资源利用效率，减少或者避免生产、服务和产品使用过程中污染物的产生和排放，以减轻或者消除对人类污染和环境的危害。

特别需要指出，该法要求生产经营者必须履行下列义务：

1. 对产品进行合理包装，减少包装材料的过度使用和包装性废物的产生，对部分产品和包装物实行标识和强制回收；生产、销售被列入强制回收目录的产品和包装物的企业，必须在产品报废和包装物使用后对该产品和包装物进行回收，违者由县级以上地方人民政府经贸部门责令限期改正，拒不改正的，处以十万元以下的罚款。

2. 对于污染物排放超过国家和地方规定的排放标准或者超过经有关地方人民政府核定的污染物排放总量控制指标者，以及使用有毒、有害原料进行生产或者在生产中排放有毒、有害物质的企业，法律规定应当定期实施清洁生产审核。违者由县级以上地方人民政府环保部门责令限期改正，拒不改正的，处以十万元以下的罚款。

此外，为鼓励社会团体和公众参与清洁生产的宣传、教育、推广实施及监督，《清洁生产促进法》还规定了公众参与的机制，如，环保部门应当在当地媒体上定期公布污染物超标排放或者污染物排放总量超过限额的污染严重企业的名单，列入污染严重企业名单的企业应公布污染物排放情况，接受群众监督。

十、限期治理制度

限期治理制度最早出现于 1979 年《环境保护法（试行）》第十七条和第十八条。按法律规定，超标排放污染物者有治理环境污染的一般义务，而造成环境严重污染者以及处于风景名胜区、自然保护区和其他需要特别保护的区域内的设施排污超标者，则负有限期治理的特别责任，这就是限期治理制度。

需要说明的是，法律法规对构成"严重污染"的要件未作出明确解释，因而在具体运用上存在行政裁量的空间。

从我国限期治理制度的规定看，决定限期治理的程序是由环保部门对企业提出限期治理的意见，由省级以下同级人民政府最后决定。由于我国的国有企业和事业单位分别受不同级别的人民政府管辖，所以在限期治理的决定方面也有相应的区别，在理论上存在着地方人民政府为了某种利益需要而不作为的可能，其结果是放纵严重违法行为，并对环境造成巨大的污染或破坏。

十一、突发环境事件的应急预案制度

突发环境事件是指突然发生，造成或者可能造成重大人员伤亡、重大财产损失和对全国或者某一地区的经济社会稳定、政治安定构成重大威胁和损害，有重大社会影响的涉及公共安全的环境事件。

在我国，突发环境事件的概念是从 21 世纪以后逐步为国家规范性文件所确认的。2003 年以来，我国相继发生了"非典"事件、松花江重大水污染事件，为提高政府保障公共安全和处置突发公共事件的能力，最大限度地预防和减少突发公共事件及其造成的损害，保障公众的生命财产安全，维护国家安全和社会稳定，促进经济社会全面、协调、可持续发展，2006 年 1 月 8 日国务院发布了《国家突发公共事件总体应急预案》(以下简称《预案》)。在《预案》中，环境污染和生态破坏事件被列入事故灾难类突发公共事件的范畴。

突发公共事件分为三大类：

第一，突发环境污染事件，包括：重点区域、淡咸水域水环境污染事件，重点城市光化学烟雾污染事件，危险化学品、废弃化学品污染事件，海上石油勘探开发溢油事件，突发船舶污染事件等。

第二，生物物种安全环境事件。

第三，辐射环境污染事件。

突发环境事件分为四级，并实行分级管理。

特别重大环境事件（I 级），定义是：

1. 发生 30 人以上死亡，或中毒（重伤）100 人以上；

2. 因环境事件需要，转移群众 5 万人以上，或直接经济损失 1000 万元以上；

3. 区域生态功能严重丧失或濒危物种生存环境遭严重污染；

4. 因环境污染事件使该地区正常经济、社会活动受到严重影响；

5. 利用放射物质进行人为破坏事件，或 1、2 类放射源失控造成大范围严重辐射污染后果；

6. 因环境污染造成重要城市主要水源地取水中断的污染事件；

7. 因危害化学品（含剧毒品）生产和贮运中发生泄漏，严重影响人民群众生产、生活的污染事故；

重大环境事件（II 级），定义是：

1. 发生 10 人以上 30 人以下死亡，或中毒（重伤）50 人以上，100 人以下；

2. 区域生态功能部分丧失或濒危物种生存环境受到污染；

3. 因环境污染使当地经济、社会活动受到较大影响，疏散转移群众 1 万人以上，5 万人以下；

4. 1、2 类放射源丢失、被盗或失控；

5. 因环境污染造成重要河流、湖泊、水库及沿海水域大面积污染，或县级以上城镇水源地取水中断的污染事件。

较大环境事件（Ⅲ级）情况是：

1. 发生 3 人以上 10 人以下死亡，或中毒（重伤）50 人以下；

2. 因环境污染造成跨地级行政区域纠纷，使当地经济、社会活动受到影响；

3. 3 类放射源丢失、被盗或失控。

一般环境事件（Ⅳ级）情况是：

1. 发生了 3 人以下死亡；

2. 因环境污染造成跨县级行政区域纠纷，引起一般群体性影响的；

3. 4、5 级放射源丢失、被盗或失控。

《国家突发环境事件应急预案》规定应急响应机制需包括以下内容：

1. 对突发环境应急坚持预防为主的原则分级响应制度。

2. 对突发环境事件的报告实行一小时报告制。

3. 对突发环境事件的报告分为初级、续报和正在处理及结果报告三类。

4. 国务院有关部门和部际联席会议根据需要成立环境应急指挥部，负责指导、协调突发环境事件的应对工作。

5. 确立了应急终止条件，包括：①事件现场得到控制或条件已经消除。②污染源的泄漏或释放已降到规定限值以内。③事件所造成的危害已经完全消除。④事件现场各种应急措施已无继续必要。⑤采取了必要的防护措施，以保护公众免受再次危害，并使事件可能引起的中长期影响趋于合理且尽量低的水平。

十二、自然资源有偿使用制度

自然资源有偿使用制度是指国家采取强制的手段使开发利用自然资源的单位和个人支付一定费用的一整套管理措施。它是在地球人口日益膨胀、自然资源日益紧缺的情况下建立和发展起来的一种管理制度，是自然资源价值在法律上的体现和确认。

自然资源的有偿作用，因各国和地区具体情况不同，其采用的形式也有所不同，综合起来，包括三种形式：

1. 收税。

2. 收费。

3. 收税又收费。

发达国家一般采取收税形式，发展中国家或经济转型国家（即从计划经济向市场经济转变过程中的国家和地区）一般采取收费形式。根据我国相关法律规定，我国采取征收自然资源税和自然资源费的方式。

十三、ISO 系列环境管理标准

环境标准同环境与资源保护法相配合，在国家环境管理中起着重要作用。20 世纪 80 年代以后，伴随世界经济一体化和环境问题全球化的进程，各国环境管制的标准不断趋于严厉。一些国家纷纷以环境法律和标准为由拒绝或抵制不符合本国环境法律要求的产品进入本国市场，为此，国际社会出现了以产品的生产、运输、销售指导消费和废弃等全过程的质量管理和控制为中心的新一轮的市场竞争。

在这个背景下，国际标准化组织（ISO）于 1987 年制定并在全世界范围内实施了 ISO9000 质量管理标准。1992 年又组织制定了 ISO14000 系列环境管理标准。

ISO9000 和 ISO14000 系列环境管理标准是在环境行政管理管制手段以外，基于贸易与环境的关系而产生的一种新的自愿运用的简洁环境管理方式，其设立的目的在于实现自由贸易与环境保护的统一，即既不用为环境管理而影响自由贸易，又不至于因自由贸易而增加环境成本。

ISO14000 系列环境管理标准使用的对象是所有与环境利用行为相关的主体，包括企业、事业单位、地方政府、法人团体、社会组织等。

十四、环境行政诉讼

环境行政诉讼与环保公益诉讼不是一个概念（目前，公益诉讼在全国推广的条件还不成熟），它是指公益与资源保护法主体（公民、法人或其他组织）认为负有环境监督管理职责的行政机关和行政工作人员的具体行政行为侵犯其合法权益而向人民法院提起的诉讼。

根据相关法律，环境行为诉讼分两类：

第一类，司法审查之诉。这是环境组织相对人认为环保部门的行政行为不合法或显失公正而要求法院进行审查的诉讼。这些具体行政行为包括：

1.环境行政处罚的行为。

2.法律未规定或法律规定不应由相对人履行的义务，而环保部门要求其履行。

3.环保行政机关违法限制人身自由，对其实施查封、扣押、冻结等强制措施，以及侵犯人身权、财产权、经营自主权等行为。

第二类，请求履行职责之诉。这是指环境行政相对人为要求环境行政管理机关及其工作人员履行法定职责而进行的诉讼。

第六章　国家生态原产地产品保护

第一节　生态品牌

一、品牌建设

（一）国家主席习近平为中国质量（上海）大会致贺信

2017年9月15日，第二届中国质量（上海）大会在上海开幕。国家主席习近平致贺信，对会议的召开表示热烈祝贺。习近平指出，中国质量大会旨在推进国际质量合作。质量体现着人类的劳动创造和智慧结晶，体现着人们对美好生活的向往。中华民族历来重视质量。千百年前，精美的丝绸、精制的瓷器等中国优质产品就走向世界，促进了文明交流互鉴。今天，中国高度重视质量建设，不断提高产品和服务质量，努力为世界提供更加优良的中国产品、中国服务。

（二）中共中央、国务院发布了关于开展质量提升行动的指导意见

2017年9月5日，中共中央、国务院发布了关于开展质量提升行动的指导意见，要求到2020年的主要目标是：供给质量明显改善，供给体系更有效率，区域主体功能定位和产业布局更加合理，区域特色资源、环境容量和产业基础等资源优势充分利用，涌现出一批特色小镇和区域质量品牌。

（三）国务院办公厅关于发挥品牌引领作用，推动供需结构升级的意见

2016年6月，国务院发布《国务院办公厅关于发挥品牌引领作用推动供需结构升级的意见》。意见要求按照党中央、国务院关于推进供给侧结构性改革的总体要求，更好发挥品牌引领作用，做大做强品牌。品牌是企业乃至国家竞争力的综合体现，代表着供给结构和需求结构的升级方向。当前，我国品牌发展严重滞后于经济发展，产品质量不高、创新能力不强、企业诚信意识淡薄等问题比较突出。

（四）党的十九大报告中关于生态问题的要求

中国特色社会主义进入新时代，我国社会主要矛盾已经转化为人民日益增长的美好生活需要和不平衡不充分的发展之间的矛盾。我们要建设的现代化是人与自然和谐共生的现代化，既要创造更多物质财富和精神财富以满足人民日益增长的美好生活需要，也要提供更多优质生态产品以满足人民日益增长的优美生态环境需要。

党的十九大报告强调：中国特色社会主义进入了新时代，坚持人与自然和谐共生，必须坚持节约优先、保护优先、自然恢复为主的方针，形成节约资源和保护环境的空间格局、产业结构、生产方式、生活方式，还自然以宁静、和谐、美丽。实施食品安全战略，让人民吃得放心。建设生态文明是中华民族永续发展的千年大计。必须树立和践行绿水青山就是金山银山的理念，坚持节约资源和保护环境的基本国策，像对待生命一样对待生态环境，统筹山水林田湖草系统治理，实行最严格的生态环境保护制度，形成绿色发展方式和生活方式，坚定走生产发展、生活富裕、生态良好的文明发展道路，建设美丽中国，为人民创造良好生产生活环境，为全球生态安全作出贡献。

（五）2017 年中央一号文件发布

2016 年 12 月 31 日，《中共中央、国务院关于深入推进农业供给侧结构性改革加快培育农业农村发展新动能的若干意见》提到，追求绿色生态可持续，更加注重满足质的需求转变，建设一批地理标志农产品和原产地保护基地，推进区域农产品公用品牌建设，支持地方以优势企业和行业协会为依托打造区域特色品牌。

二、国家发布《质量品牌提升"十三五"规划》，推动品牌建设

（一）国家质量监督检验检疫总局文件

质检总局关于印发《质量品牌提升"十三五"规划》的通知

各直属检验检疫局，各省、自治区、直辖市及计划单列市、副省级城市、新疆生产建设兵团质量技术监督局（市场监督管理部门），认监委、标准委，总局各司局，各直属挂靠单位：

现将《质量品牌提升"十三五"规划》印发你们，请结合实际，认真贯彻落实。

质检总局

2016 年 12 月 16 日

（二）推动自主品牌建设

培育具有国际影响力的品牌评价理论研究机构和品牌评价机构，构建具有中国特色的品牌价值评价机制，完善品牌评价相关标准，积极参与品牌评价相关国际标准的制定。开展区域品牌价值评价，对区域品牌价值评价结果进行分析研究，指导各类园区不断提升区域品牌的价值和效应，支持和鼓励地方开展区域品牌建设探索，推动打造具有国际影响力的中国区域品牌。

（三）大力扶持生态产业

大力推广标杆企业和区域在品牌建设方面的先进经验，发展优秀品牌建设、质量提升等方面的示范和引领作用，带动企业和区域品牌建设。以"绿水青山、耕育田园、水土气林、立体防线、产业品牌、旅游优先"为扶持生态产业精准脱贫的出发点，促进贫困地区人口的生态脱贫、产业脱贫、品牌脱贫。支持贫困地区和革命老区将生态优势转化为品牌优势，扶持优势特色产品，打造生态原产地产品品牌，延长产业链，增加扶贫帮困面，扩大贫困地区生态产品的知名度和附加值。

（四）开展生态原产地产品保护质量品牌提升行动

统筹推进生态原产地产品保护评定制度和技术体系建设。应用生态原产地产品保护和示范区建设，助推生态产业发展和生态扶贫，以生态原产地产品保护助推品牌建设，推进供给侧改革、绿色消费和境外消费回流；倡导"一带一路"沿线国家绿色生态互惠发展行动，加强国际交流合作，提升生态原产地的国际认知度。探索生态原产地产品保护工作与"互联网+"融合，提升生态原产地产品保护品牌的公共认知度，打造一批享有国际声誉的自主品牌，树立起中国制造的质量品牌形象。

（五）实施进出口农产品质量提升行动

精准落实国家"优进优出"战略，建立促进农产品质量提升的工作机制。

三、三部委联合印发《特色农产品优势区建设规划纲要》

2017年10月，国家发展和改革委员会、农业部、国家林业局联合印发了《特色农产品优势区建设规划纲要》。规划纲要中提到，鼓励地方做大做强优势特色产业，争创特色农产品优势区，把地方土特产和小品种做成带动农民增收的大产业。纲要规划到2020年，创建并认定300个左右国家级特优区。

特色农产品优势区既要强调特色，更要突出优势。本规划纲要中，特色农产品包括特色粮经作物、特色园艺产品、特色畜产品、特色水产品、林特产品五大类。特色农产品优势区（以下简称特优区），是指具有资源禀赋和比较优势，产出品质优良、特色鲜明的农产品，拥有较好产业基础和相对完善的产业链条，带动农民增收能力强的特色农产品产业聚集区。

第二节　国家生态原产地产品保护的践行

一、生态原产地品牌

"中华人民共和国生态原产地保护产品"标志是一种知识产权，代表一个主权国家的形象，受到国际和国家行政的保护，是对中国创造、民族精品的保护。如图6-1。

图 6-1　中华人民共和国生态原产地保护产品

二、生态原产地产品保护的践行

（一）生态文明贵阳国际论坛

2014 年 7 月 11 日—12 日，生态文明贵阳国际论坛在贵阳举办；分论坛生产原产地与国际贸易吸引了全世界的目光。

龙永图先生评价生态原产地产品保护工作是一件功在当代、利在千秋的大事。他表示将商请商务部有关司局向 WTO 组织提出关注此项工作的建议，并建议世界贸易组织能够关注中国生态原产地产品保护工作的进展，并在适当的时候制定相应的生态原产地产品保护规则。他提出生态原产地产品保护体现了中国的软实力，是一个国际问题，是中国加入 WTO 以来对 WTO 新的贡献。

（二）APEC绿色供应链牵手中国生态原产地，打造食品安全合作平台

2016年7月29日，亚太经合组织APEC绿色供应链合作网络年会暨能力建设研讨会在天津于家堡自贸区举行，中国生态志愿者联盟常务副会长孙建代表中国生态原产地保护国际联盟参会，并做重要发言。会议主旨是加强APEC绿色供应链合作网络能力建设，为APEC推动绿色发展和价值链重构工作注入新动力。

中国生态原产地保护国际联盟与天津低碳发展与绿色供应链管理服务中心签订了战略合作备忘录，携联盟会员的生态优质产品进驻供应链平台，支持各地政府生态原产地示范区建立供应链平台宣传窗口，发动数万名倡导"生态生活、生态消费"的中国生态志愿者，推动绿色供应链自愿行动等活动。

（三）中国生态原产地保护联盟走进英国剑桥大学

2015年10月，中英生态合作的"黄金时代"开启，中国生态原产地保护联盟走进英国剑桥大学进行访问。

（四）中国生态原产地保护联盟访问英国剑桥

2016年11月14日，应剑桥大学耶稣学院发展委员会与英国剑桥教育中心邀请，中国生态原产地保护国际联盟生态考察团赴英访问了剑桥大学。剑桥大学常务副校长伊恩·怀特教授在剑桥会议室会见了考察团成员，双方洽谈了在生态保护、生态保育、生态原产地等领域的研究合作。中国生态志愿者联盟常务副会长孙建一行参加了会见。

三、建设生态原产地品牌，促进国内安全食品产业发展

（一）生态原产地产品的优势

1.由国家政府背书，彰显产品生态与原产地特性。

2.建立通关绿色通道，加快通关速度，促进出口贸易。

3.助力区域经济发展，提升我国民族产品及品牌的国际影响力。

4.有助于申请政府专项补贴、奖励和获得各级政府优先采购权。

5.增加产品附加值，国际上生态友好型产品的价格显著高于同类产品。

6.产品差异化竞争优势，满足消费者更高端的需求，提升市场竞争能力。

（二）生态原产地产品保护的战略目的

生态原产地产品保护的战略目的，就是在全球可持续发展、绿色发展的大潮中，在建设美丽中国、实现中华民族永续发展的历史使命中，把生态化发展

全面融入、贯穿到中国原产地产品的血液中，从出发点和归宿点战略提升从中国制造向中国创造转变、从中国速度向中国质量转变、从中国产品向中国品牌转变中的生态文明水平，在世界贸易中彰显中国原产地产品的生态内涵，树立负责任大国的形象，以中华文化天人合一、善邻怀远、协和万邦的伟大精神、伟大作为，绿色崛起，和平崛起，用我们的绿色生态、正宗原产，跨越一切绿色贸易壁垒，成就华夏大国博弈的战略选择。

充分利用品牌在农业发展中的积极作用。根据 2016 年 9 月国家发展和改革委员会、财政部等 14 部门联合印发的《关于大力发展休闲农业的指导意见》，依托乡村的绿水青山、田园风光、乡土文化等资源，大力发展休闲度假、旅游观光、养生养老、创意农业、农耕体验、乡村手工艺等，推进农业与旅游、教育、文化、健康养老等产业深度融合，重点打造点线面结合的休闲农业品牌体系，鼓励各地培育地方品牌。

第七章　国家生态原产地产品保护示范区建设

第一节　生态示范区建设

一、生态示范区的概念

生态示范区是以生态文明建设理念为指导，以协调经济、社会、环境建设为主要目的，经过有关部门（政府）的统一规划，综合建设生态良性循环、社会经济可持续发展、人民安居乐业的一定行政区域。

生态示范区是一个相对独立、对外开放的社会、经济、自然的复合生态系统。其建设可以以乡、县或市域为基本单位。

二、生态示范区产生的历史背景

20 世纪 80 年代后，可持续发展观已逐步成为人类行动准则，生态示范区建设是推动区域可持续发展的实践模式。

瑞典是开展生态示范区建设最早的国家。1992 年在联合国世界环境发展大会前，瑞典已完成了 4 个"生态循环城"的试点。大会后，瑞典政府要求在 1996 年前，瑞典全国 24 个省 286 个市全部完成"生态循环城"计划的编制工作。此后，美国又有"生物圈 2 号"这种特殊形式的生态示范区；俄罗斯、东南亚的一些发展中国家也在编制和实施各种生态综合规划工作。

1995 年，我国国家环保总局正式启动全国生态示范区建设试点。资料显示，1995 年，全国在建的各种生态示范区试点有 400 多个，正式命名的国家级生态示范区有 166 个。

三、生态示范区建设的基本模式

资料显示，当前我国的生态示范区建设基本以县级行政区为界，充分利用当地自然和社会资源优势，因地制宜规划、设计和组织实施，内容包括生物多样性保护、生态农业开发、农药和化肥污染的防治、乡镇中小企业污染防治、海洋环境保护、生态破坏修复、自然资源的合理开发利用等。其基本建设模式有以下几种：

1. 生态农业型

早在 20 世纪 80 年代初，在党和政府的领导下，我国就提出了"建设有中国特色的生态农业"的发展思路，并开展了大量生态农业方面的经济和试点示范工作。在全国 50 个左右生态农业试点县的工作中，已出现一批高水平、高效益、各具特色、而且与扶贫、建设小康社会的策略相结合的成功样板。如辽宁盘山县、湖南省隆回县注重发展水果、中草药的生态农业等。

2. 农工商一体化型

如上海市崇明县，利用国有农场的优势，以养殖、种植业为起点，逐步推进循环经济，用鸡粪喂猪，猪粪产沼气，沼气渣下鱼塘及其他形式的综合开发利用，形成规模后再逐步开展深加工、精加工，进而大量出口，从而形成了多家骨干企业，实现农工商一体化经营。

3. 生态旅游型

如安徽省黄山旅游开发区就是个典型。在坚持"保护第一"的前提下，完善了黄山风景区总体规划，又实行了分区旅游、景区轮休生态保护，大力改善景区交通、娱乐、服务设施，开通微波通信，以燃油代替燃煤，防止大气污染，为建设世界文化和自然遗产世界级风景区作出贡献。

4. 乡镇工业型

如江苏省无锡市，到 2000 年已经基本达到了生态保护和经济建设协调发展的目标。无锡继续在全国领先的关键是走乡镇工业型生态建设之路。

5. 城市型

在我国经济发达的东南沿海地区，许多农村已迈开了城镇化步伐，如江苏省扬中市投资 10 亿元拟建一个现代化的花园城市。

6. 生态修复型

如河北省唐山市古冶区，经过 20 年的努力奋斗，终于把采煤塌陷区"骑着骆驼赶着鸡，高的高来低的低"的状况改变为生态环境综合整治示范区（修复）。

7. 国家级生态原产地保护产品示范区

2017 年 8 月，国家质量检验检疫总局通关业务司下达相关文件，提出了生态原产地产品保护示范区建设及技术规范。

四、生态示范区建设指标

2003 年，国家环保总局提出了《生态县、生态市、生态省建设指标（试行）》。建设指标包括经济发展、生态环境和社会发展目标三大类。

（一）经济发展目标包括：

1. 农民人均年收入；

2. 农民人均纯收入年增长；

3. 经济产投比；

4. 产业结构合理程度；

5. 第三产业产值占总产值比例。

（二）生态环境目标包括：

1. 森林覆盖率；

2. 退化土地治理率；

3. 资源利用适宜程度；

4. 农村新能源比例；

5. 化肥农药递减率；

6. 农膜回收率；

7. 畜禽粪便处理率；

8. 生物防治推广率；

9. 企事业单位污染治理达标率；

10. 大气环境质量；

11. 水环境质量；

12. 固体废弃物处理率；

13. 噪声状况；

14. 城镇人均公共绿地（m^2）。

（三）社会发展目标包括：

1. 人口自然增长率；

2. 教育事业发展；

3. 每万人中技术人员数（国民科技素质）（人 / 万人）；

4. 城镇人均住房（m²/ 人）；

5. 村镇自来水普及率（%）^①。

第二节　国家生态原产地产品保护示范区建设

一、相关文件

国家检验检疫总局通关司于 2017 年 8 月 8 日发文，印发《生态原产地产品保护示范区建设及评定技术规范》，现原文转载如下：

关于印发《生态原产地产品保护示范区建设及评定技术规范》的函

各直属检验检疫局，各省、自治区、直辖市及计划单列市、副省级城市、新疆生产建设兵团质量技术监督局（市场监督管理部门），中国检验认证集团测试技术有限公司、北京万诚信用评价有限公司、中国生态德育教育促进会、中国检验检疫学会、中国林业与环境促进会、中林绿洲（北京）生态科技发展有限公司、中咨国业工程规划设计（北京）有限公司：

为落实生态文明建设国家, 规范和推进生态原产地产品保护工作, 现印发《生态原产地产品保护示范区建设及评定技术规范》。请认真组织学习并遵照执行。

附件 :《生态原产地产品保护示范区建设及评定技术规范》

国家质检总局通关业务司

2017 年 8 月 8 日

附件：　生态原产地产品保护示范区建设及评定技术规范

1. 范围

本标准规定了生态原产地产品保护示范区建设与评定的原则、建设要求、评定要求。

本标准适用于申请人和评定方开展生态原产地产品保护示范区的建设和评

---

① 参见邓小华主编:《环境生态学》, 中国农业出版社, 2008 年 5 月版。

定工作，生态原产地产品保护示范区的监督管理技术规范另行要求。

本标准为生态原产地产品保护示范区建设和评定技术规范，示范区类型分为农林牧渔业产品示范区、工业产品示范区、旅游服务示范区，具体示范区的评定技术规范将依照本标准要求进行细化。

2. 规范性引用文件

下列文件对于本文件的应用是必不可少的。凡是注日期的引用文件，仅所注日期的版本适用于本文件。凡是不注日期的引用文件，其最新版本（包括所有的修改单）适用于本文件。

GB 3095 环境空气质量标准

GB 3838 地表水环境质量标准

GB 5084 农田灌溉水质标准

GB/T 14848 地下水质量标准

GB 15618 土壤环境质量标准

SN/T 4481 生态原产地产品保护评定通则

SN/T 4756 生态原产地产品保护评定技术规范

SN/T XXX 生态原产地产品保护工作守则

生态原产地产品保护示范区建设指导意见

3. 术语与定义

SN/T 4756 确定的以及下列术语和定义运用于本文件。为了便于使用，以下重复列出 SN/T 4756 中的某些术语和定义。

3.1 生态产品 Eco-product

产品生命周期中符合绿色环保、低碳节能、资源节约的产品。

3.2 原产地 The Origin of Goods

指产品的生产、加工、制造、出生或出土地，即指产品的产地。在国际贸易中是指货物的原产国或原产地区

3.3 原产地产品 Origin Product

具有原产地特征和特性的产品。其中原产地特征是产品出生、生长、生产、加工、制造以及产品来源地的自然、地理、人文、历史等属性，包括地形地貌、土壤状况、水文资料、气象条件、历史渊源、人文背景、生产工艺和工序、配方等；原产地特性是指产品固有的、与原产地内在关联的品质和特点。

3.4 生态原产地产品 Eco-origin Product

指产品周期中符合绿色环保、低碳节能、资源节约要求并具有原产地特征和特性的良好生态型产品。

3.5 生态原产地产品保护示范区 Protected Zone of Eco-origin Product

指涵盖生态原产地保护产品的县（市、区）及以上行政区域或产业园区，须通过评定并经国家行政主管机构行政确认批准的区域。

3.6 申请人 Applicant

提出生态原产地产品保护示范区申请的主体。申请人必须是县（市、区）及以上行政区域或有行政能力的产业园区。

4. 原则

4.1 建设原则

4.1.1 生态发展原则

示范区建设应符合全国生态功能区划的定位和国家生态环境保护规划，坚持尊重自然、顺应自然、保护自然，发展和保护相统一，以生态原产地产品保护的理念建设示范区，遵循生态文明的系统性、完整性及其内在规律，严守生态红线。

4.1.2 自主建设原则

各地人民政府根据本地区的实际情况，按照《生态原产地产品保护评定通则》和《生态原产地产品保护工作导则》规定的程序和要求，在本地区自主开展示范区建设工作。

4.1.3 动态管理原则

实施严格的准入退出制度。示范区域申请条件严格评定，确保示范作用，对已获批准示范区及其产品实施监督管理。对不符合条件的，取消其资格。

4.1.4 持续改进原则

示范区的建设过程中申请人应不断主动寻求对示范区建设和管理过程的有效性和效率的改进，使示范区的建设不断自我完善、自我修炼。

4.2 评定原则

4.2.1 科学性原则

评定组工作过程中要体现示范区评定过程的严谨性和科学性，采用定量与定性评价相结合、产品与组织评价相结合的方法，以本技术规范要求的内容进行评定。

4.2.2 公平性原则

评定组工作过程中应广泛听取不同方面的意见，明确评定采信、信息公开、社会监督等机制，从客观公正的角度出发得出评定结论。

4.2.3 系统性原则

生态原产地产品保护示范区的生态需进行系统考察，运用生态系统分析的思路和原理，从示范区系统整体的低耗、减污、协调、高效为目标，分析示范区在生态、环境、经济、社会的综合贡献。

4.2.4 定量与定性相结合原则

生态原产地产品保护示范区评定采用定量与定性相结合的方法，对于示范区内保护产品的生态性、区域生态环境可以用定量指标衡量的评价内容，采用定量的测试、监测、统计方法得到的数据作为评价依据；对示范区生态管理能力提升、品牌价值提升不宜直接用定量指标衡量的内容进行定性评价。

5. 建设要求

5.1 具有健全的工作保障机制

5.1.1 应出台示范区建设工作意见及配套政策，将示范区建设纳入政府规划或年度工作计划，制定建设目标、建立监管体系、经费保障及奖励措施，不断提高生态经济、生态环境、生态制度、生态文化建设能力。

5.1.2 应成立生态原产地产品保护示范区建设领导小组，地方政府派人担任领导小组组长。领导小组下设示范区建设管理办公室，有明确的工作职责，形成工作合力。

5.1.3 应有五个以上受保护的生态原产地产品，具有当地的名优特产品代表性。如只有一个或五个以下受保护产品的，其产业应在当地经济社会发展中占有较大比重和影响，具有示范作用。

5.1.4 应制定入区企业标准，实施动态管理，制定生态原产地产品发展目标，并落实到具体部门。

5.2 具备示范区监管体系

5.2.1 应按照《生态原产地产品保护示范区建设指导意见》《生态原产地产品保护评定通则》《生态原产地产品保护工作导则》向受理机构提交自查报告。

5.2.2 应明确生态原产地产品保护标志管理制度和使用记录。

5.2.3 建立示范区内联合检查机制，加强质量、环保、安全、溯源、诚信的管理意识，对不合格产品采取对应措施。

5.3 具备生态环境监管机制

5.3.1 应明确示范区范围，环境质量（水、大气、噪声、土壤、海域）达到功能区标准，有持续改善的规划，示范区应提供环境本底调研报告，调研方案应符合当地产业分布特征，示范区环境质量应符合以下规定中界定的功能区环境质量要求：

a）水符合 GB/T 14848、GB5084、GB3838

b）土壤符合 GB15618

c）空气质量符合 GB3095

5.3.2 制定适合本示范区且符合国家生态文明导向的生态保护目标，划定并执行适合当地的生态红线，示范区林草覆盖率指标山区 ≥80%、丘陵区 ≥50%、平原地区 ≥20%，特殊地理环境或非农林牧产品的可因地制宜考虑。水土保持、荒漠化防治、节能减排、污染物排放、秸秆综合利用率、规模化畜禽养殖场粪便综合利用率，应符合国家生态文明建设试点示范区指标要求。

5.3.3 应无生态、环保、安全、诚信、产品质量、社会责任等不良记录。近三年辖区内未发生重大、特大突发环境事件，五年之内应无被行政机关通报批评生态、环境、资源、质量安全、信用等不良记录。

5.3.4 受保护产品及行业不属于资源枯竭型、资源消耗型、国家淘汰落后产能、国家保护动植物、转基因等有争议的产业。示范区以种养殖业、食品加工行业为主导的，三年之内应无重大疫病疫情。

5.3.5 具备生态环境监测预警能力，开展示范区生态环境监测，建立生态环境状况评价的定期通报制度。

5.4 具备质量安全和风险管理体系

5.4.1 示范区内受保护生态原产地产品及企业应建立生产全过程标准体系，引导未获证企业建立生产全过程标准体系，包括原材料、投用品（农药、兽药、化学品）、种植、养殖、疫病疫情、生产加工过程的监管。

5.4.2 示范区内生态原产地产品应全部建立产品质量档案、质量安全追溯机制。

5.4.3 应建立示范区内生态原产地产品质量定期的抽查检查制度和检验制度。

5.4.4 积极引导示范区企业参与国内外标准、技术法规的制修订以及国外技术性贸易壁垒措施的应对工作。

5.4.5 示范区内生态原产地产品应建立产品风险管理体系，企业能够及时发现、准确判断、有效控制，并最大限度地降低和化解质量安全风险，将可能造成的不良影响控制在最小范围。

5.5 提供示范区服务保障

5.5.1 为示范区获证企业提供产业升级和品牌提升服务。

5.5.2 建立质量安全信息服务平台，及时通报示范区内生态原产地产品的质量信息和风险信息。

5.5.3 建立示范区检测服务平台建设，采取措施向企业提供高效、便捷、低成本的检测服务。

5.5.4 建立培训服务平台，增强宣传教育能力，提高公众参与示范区建设的积极性；组织多形式培训交流，加强生态环境保护法规、知识和技术培训，提高示范区管理人员和技术人员的专业知识和技术水平。

6. 评定要求

6.1 评定依据

根据国家生态文明建设方针、示范区所在行政区域制定的生态建设目标，按照本标准内容开展评定。

6.2 评定组组成

评定组实行组长负责制，按照《生态原产地产品保护示范区建设指导意见》组成评定组，成员主要由原产地、生态、产品专业技术方面人员组成。

评定组人员组成应熟悉示范区产业发展规划及受保护产品所在行业，具有本科以上同等学力，具有原产地、生态或环保等专业两年以上工作经历，掌握评定所需要的方法和技巧，参加过示范区评定人员培训。

6.3 评定流程

6.3.1 申请

申请人向受理机构提交生态原产地产品保护示范区申请书及申请附件，附件包括但不限于：

a）示范区保护范围；

b）示范区工作保障机制；

c）示范区监管体系；

d）生态环境监管机制；

e）质量安全和风险管理体系；

f）示范区服务保障能力说明；

g）示范区内获证的生态原产地产品信息；

h）自查报告；

i）本底环境调查报告

6.3.2 初评

受理机构应对申报材料进行审查，并将初评合格的申请人推荐至国家生态原产地产品保护管理办公室，初评不合格的通知申请人补充或更改申请材料。补充或更改申请材料后仍不符合初评要求，则由受理机构通知申请人申请工作终止。

6.3.3 评定

国家生态原产地产品保护管理办公室审核受理机构的初审报告，确定是否实施评定。对确定实施评定的，书面通知申请人并委派评定组实施评定。

评定组应制定与实际情况相符合的评定方案，并按照本标准要求实施文件审核与现场评定。

6.4 评定结论

评定组根据文件审核和现场审核结果进行综合评定，评定结论分为通过和未通过。符合本标准要求的，为通过评定，否则为未通过评定。评定组应完整填写评定记录、收集评定证明材料、出具评定结论并报送国家生态原产地产品管理办公室。

6.5 争议的解决

评定组内如发生争议，由评定组长在现场协调解决，现场协调无法解决报国家生态原产地产品保护管理办公室终审。

6.6 异议的解决

申请人对评定组结论有异议的，评定组与申请人当场不予讨论。申请人应在五个工作日内向国家生态原产地产品保护管理办公室提出重新评定申请。

二、生态原产地产品保护示范区的意义

1.是落实党的十九大号召，用更多优良生态产品以满足日益增长的生态环境的需要的有益探索。

2. 是促进区域经济可持续发展，乃至有的贫困地区一跃进入小康的发展模式。

3. 是落实环境保护基本国策的有效途径。

4. 是推进人类命运共同体理念，推进"一带一路"沿线建设，努力建设一个山清水秀、清洁美丽的世界，坚持人与自然共生共存，共同营造和谐宜居的人类家园的重要方式。

第三节　部门联动，共促发展

一、坚持法治思维，加强制度建设

坚持 GB 国家标准、SN 体系标准，做到：坚持高要求、严标准，涵盖各个工作阶段，使之系统化、标准化；加快评定标准和指标建设；鼓励各方开展研究。

二、部门联动，共促发展

商务部：对生态原产地产品保护和溯源平台予以关注，并探讨培育打造生态原产地品牌方面的合作。

国务院扶贫开发领导小组办公室、水利部、环境保护部：对生态原产地产品保护予以关注，积极参与研究工作。

国家发展和改革委员会等十二部委：结合全国青少年儿童食品基地建设，把生态原产地产品保护基地作为全国青少年儿童科普、教育、示范、体验合作项目。

林业局：共同推进林产品生态原产地产品保护，树立生态文明国家品牌。

农业部：提出由政府主导的安全优质农产品公共品牌，统称"三品一标一产地"。其中"一产地"指生态原产地。举办"国家生态原产地产品保护和农业可持续发展解读研讨班"。

三、加强制度和立法建设

加强各部门规章和行业及国家技术标准的建立，目前已建立的有：《生态原产地产品保护评定通则》和工作导则、《生态原产地产品保护评定技术规范》、《葡萄酒生态原产地产品保护评定规划》等。

第八章　中医农业——中国特色生态农业

第一节　中医农业引领我国未来生态农业发展方向

一、各国探索实践形成多种生态农业模式

自生态农业概念诞生以来，国内外在理论和实践上进行了探索尝试，取得了积极进展，新理论、新方法、新技术不断涌现，形成了许多可复制、可借鉴、可应用的模式。英国 A. 霍华德于 20 世纪 30 年代初提出有机农业概念并组织试验和推广，得到了广泛发展。美国 J.I. 罗代尔在 1942 年创办了第一家有机农场，并于 1974 年成立了罗代尔研究所，实行自我封闭式的生物循环生产模式。20 世纪 80 年代初，美国提出了"可持续农业"的新农作制度；1988—1990 年提出了"低投入持续农业计划"和"高效持续农业计划"，推行农牧结合和残茬还田免耕技术。法国于 1972 年成立国际有机农业运动联盟，1997 年实施"有机农业发展中期计划"。日本提出"环保型农业"发展计划，并于 2000 年制定有机农业标准，探索出再生利用型、有机农业型、"三位一体"型等生态农业模式。德国近年来广泛发展"工业作物"种植，每年扶持研发经费约 3000 万美元，1996 年种植面积达 50 多万公顷，为化工和造纸工业提供了原料。世界各国分别从自身国情出发，结合现实需要和未来需要，探索出各具特色的生态农业发展模式。

二、中医农业引领我国未来生态农业发展方向

我国自 20 世纪 70 年代以来，生态农业发展方兴未艾，各地不断探索和实践，形成了一系列应用模式。据报道，2002 年，农业部征集到 370 种生态农业模式或技术体系，并遴选出北方"四位一体"、南方"猪-沼-果"、平原农牧林

复合等 10 种技术模式予以推广应用。目前，立体种养、物能多层次利用、"贸-工-农-加"综合经营、水陆交换的物质循环生态系统、多功能污水自净工程系统等成为生态农业推广应用的主要技术模式。中医农业也开始起步，并得到发展，其技术体系也日趋成熟，主要包括：基于中草药配伍原理生产的农药、兽药、饲料、肥料以及天然调理剂；基于中医健康循环理论集成生态循环种养技术模式；基于中医相生相克机理利用生物群落之间交互作用提升农业系统功能三大技术。中医农业技术体系的广泛应用，能够降低农药、化肥、兽药的使用量，防止环境污染，提高资源循环利用率，促进农产品质量安全，开发功能性农产品，优化食药同源"大食物"战略格局，因此，中医农业就是具有中国特色的生态农业，是现代生态学原理与中国现阶段农业农村经济发展相结合的产物，是推动我国供给侧结构性改革，加快农业现代化建设的现实路径和理性选择。

第二节　中医农业是中国特色生态农业

一、中医农业符合现代农业建设战略需求

当前我国正处于加快供给侧结构性改革、从传统农业向现代农业转变的关键时期，调结构、转方式、保安全、降成本、节资源、优环境的任务日益迫切，亟须运用"创新、协调、绿色、开放、共享"五大发展理念，大力推进中医农业，破解农业农村困扰难题和制约瓶颈。我国高度重视民族医药和现代农业的健康发展，近年来出台了一系列政策措施，如《国务院关于扶持和促进中医药事业发展的若干意见》（国发〔2009〕22 号）、《国务院关于印发中医药发展战略规划纲要（2016—2030）的通知》（国发〔2016〕15 号），强调"加快中医药科技进步与创新"，"研发一批保健食品、保健用品"。2017 年中央一号文件《中共中央、国务院关于深入推进农业供给侧结构性改革加快培育农业农村发展新动能的若干意见》指出："加强新食品原料、药食同源开发和应用"，"推行绿色生产方式，增强农业可持续发展能力"。因此，发展中医农业既符合我国加快中医药事业发展的战略需求，也符合优化农产品供给侧结构、保障农产品有效供给的战略需求。

二、基于中医健康循环理论集成生态循环种养技术模式

例如，动植物生态链环转化技术将全域营养源经过多重生物转化，借助多种生物体自身纯天然的生物降解、合成、富集和沉积作用等，转化形成综合营养素体系。再如，应用新型高效活性生物技术生产无激素、无抗生素的生物饲料进行畜禽养殖，加上农业废弃物秸秆膨化发酵饲料的配合喂养，可以形成生态可持续发展的农业养殖良性循环高效模式。

三、基于中医相生相克机理，利用生物群落之间交互作用提升农业系统功能

当前，大面积单一作物种植是造成农田病虫害和土壤养分失衡的主要原因。带状种植，既不影响机械化操作，又可以实现农田生物多样化，并提升农业系统功能，从而达到减轻病虫害、自然培肥土壤的目的。目前，中医农业基地在这方面有成熟的模式。例如，在安徽黄山中医农业基地的茶园里，采用乔、灌、草立体种植模式，利用动植物、微生物等生物群落达到驱虫、杀虫、引虫、吃虫的目的，茶园种植的草本植物具有很强的生命力，能够抑制杂草生长，无需使用除草剂。利用茶叶的吸附性和喜欢适度遮阴的特点，种植花香、草香、果香植物为茶叶增香，又可以为茶树适度遮阴，为茶树创造一个适宜的健康的生态环境。

第三节　中医农业与生态农业内涵外延的一致性分析

一、生态农业的现状及走势

放眼世界农业发展历程，大体分为原始农业、传统农业、石油农业（当代农业）和生态农业四个阶段。当前正处于从石油农业向生态农业转变的关键时期，石油农业一方面带来了农产品的大幅增加和劳动生产率的大幅提高，美国是石油农业的代表，依靠高投入、高产出，1930 到 1990 年，小麦单产提高了1.45 倍，玉米单产提高了 5.12 倍，1950 到 1975 年农业劳动生产率提高了 2.4 倍；另一方面也带来了极大的负面效应，出现土壤侵蚀与板结、化肥农药过量使用、环境污染等问题。由此，相对于石油农业，以有机农业为基点的生态农业理念横空出世，20 世纪三四十年代产生于英国、美国，进入 90 年代以来，随着可

持续发展战略得到全球共同响应，可持续农业也得到了普遍关注和认同，生态农业作为可持续农业发展的组成部分，进入一个蓬勃发展的新时期，实现了从量的积累到质的飞跃。立足当前，着眼未来，随着生态农业基本理念和时间空间、产业链条、技术创新等不同维度的不断融合交叉，生态农业将会产生更多的机制模式和理论方法。

二、中医农业的兴起与发展

回顾历史，审视当下，展望未来，具有中国特色的生态农业之路如何发展，是当前政府部门、科学界和人民群众普遍关注的焦点问题。做到古为今用、洋为中用，实现融合发展、互补共生，是探索生态农业的重要尝试和实践。中医是中华民族的瑰宝，"生态"一词源于希腊，泛指生物体及生物体之间的普遍联系。农业是国民经济的基础，因此，中医农业一词应运而生，成为有志之士、专家学者加快中国农业可持续发展、农业现代化建设的理论探索和实践应用，也必将成为中国特色生态农业的重要组成部分。中医农业是将中医原理和方法应用于农业领域，实现现代农业与传统中医的跨界融合，优势互补，集成创新，产生"1+1 > 2"的效应。中医农业的具体应用，能够综合防控农产品产地水、土、气立体污染，改善产地环境，促进动植物健康生长，保障农产品的有效供给和质量安全，是我国乃至世界农业可持续发展的崭新途径。

三、当前发展中医农业的必要性

改革开放以来，特别是党的十八大以来，在中央加强惠农政策的推动下，我国农业现代化成果显著，农业综合生产能力大幅提高，为国民经济发展提供了有力支撑。农业科技贡献率超过 56%，科技对农业发展的引导和支撑作用不断提升，主要农产品综合生产能力迈上新台阶，现代农业产业体系逐步建立。总体上看，我国农业现代化已进入全面推进、重点突破、梯次实现的新阶段。

要清醒地认识到以下两点。第一，改革开放以来，我国农业现代化主要是通过体制改革和惠农政策推动的，现在到了依靠科技创新引领的新阶段。第二，随着农业现代化的深入推进，我国农业发展面临的深层次问题更加凸显：1. 消费结构升级与农产品供应结构性失衡；2. 资源环境约束趋势与发展方式粗放；3. 国内外农产品市场深度融合与农业竞争力不强；4. 经济增速放缓与农民增收渠道变窄；5. 发展动力转换与科技创新成果供给不足等。另外，我国农业科技与发达国家相比仍有较大差距。

2017 年的中央一号文件指出，深入推进农业供给侧结构性改革，加快培育农业农村发展新动能，开创农业现代化建设新局面。新动能的产生要求树立创新思维，将与农业相关的传统领域和现代科技领域融合，产生新的发展动能，为农业发展带来新契机。

第四节　中医农业的践行

一、黑龙江省逊克县新兴乡利用中医农业技术发展生态产业田园综合体

全国有上百万人从事与中医农业相关的工作，譬如，为贯彻 2017 年中央一号文件，黑龙江省逊克县新兴乡与全国各地区一样积极行动起来，践行中医农业，规划了 25.56 万平方米土地（2018—2020），发展中医农业，使用中医农业的核心技术，根据生物健康生长的需求（生态环境、营养均衡和生物能量），应用中医思想和中医药技术及产品，解决植物（动物、人体）的健康生长问题。强调保持生物健康生长，需遵循"以防为主、防治结合，标本兼治，全程保健"的原则，同时要为植物、动物、人体健康生长营造适宜的生态环境（水、土、气、阳光、磁场），保障生物健康生长营养均衡供给。遵循自然生物"相生相克，和谐共生"法则，解决生物健康生长过程出现的病虫害，保障生物健康生长和自然生态循环平衡。如今，当地已成为我国北方高纬度地区中医农业发展示范区。

二、中医农业的认知度和美誉度

中医农业理论倡导的时间还不长（2018 年 7 月成立了"国际中医农业联盟"），但它的影响力和社会认知度与日俱增。

2018 年 8 月 28 日，国际中医农业联盟常务副理事长王道龙和联盟首席科学家章力建，会见了专程来访的河南意可达农业有限公司董事长王春莲一行，并就该公司与中国农科院专家合作，应用中医农业思维和技术方法开发的"中药材＋酵素缓释肥"种植的小麦产品的进一步研发事项进行了探讨并达成共识。该小麦产品除了具有采用中医农业技术方法生产出的农产品的普遍特征（高产，

优质，色香味俱全，有功能性，保鲜期长），还表现为抗逆性强。据测定，该小麦新产品籽粒中 SOD 含量比普通小麦高百倍以上，这对中医农业研发工作具有重要的参考意义。

2018 年 8 月 29 日，中国农业科学院原副院长章力建研究员向农业农村部市场与经济信息司副司长宋丹阳博士汇报了中医原理与技术方法的农业应用研究和生产实践中应用的进展及下一步工作设想。宋丹阳副司长表示：中医原理与技术方法的农业应用值得深入研究和大力推广，既能走出国门，为"一带一路"倡议和"农业走出去"战略作贡献，又能为国内广大不同规模农业经营主体和目前存在的一家一户小农经济服务，尤其在保障农产品质量方面将起到重要作用，对农业可持续发展意义深远。

2018 年 8 月 29 日，章力建向农业农村部市场与经济信息司副司长宋丹阳，农田建设管理司副司长王海播，北京市农业局副局长陶志强汇报了中医农业研发现状与下一步工作设想，并就开展"互联网 + 中医农业助力一、二、三产业融合发展"，"中医农业思维技术方法改善和提高农田质量"及筹建"延庆区中医农业综合示范区"等项目进行了探讨和商量，并取得共识。

2018 年 9 月 1 日，国际中医农业联盟首席科学家章力建，联盟副理事长朱立志会见了专程来访的山东尚谷农业集团盈创中医农业董事长任丽和技术总监倪培刚，就"中医农业智能型工厂化蔬菜育苗基地"项目（位于菏泽市定陶区黄店镇，定于 2018 年 9 月 20 日挂牌，共 15000 平方米）的下一步工作进行了商讨并达成共识。该项目填补了中医原理与技术方法在蔬菜工厂化育苗项目的空白。该基地的建立对拉动我国中东部地区中医农业产业的发展起到关键性示范带动作用。该项目技术总监倪培刚出身中医世家，与中国农科院专家长期合作从事中医农业投入品的研发。目前，该基地已与北京新发地农贸市场签定供应协议，将对北京市农产品质量安全提升产生重大影响。同时，该基地将成为"中医农业大讲堂"生产实践基地。

根据商务部领导、科技部和农业农村部有关（部门）单位领导的指示精神，2018 年 9 月 2 日，北京市农林科学院李成贵院长、北京市农业局陶志强副局长、中国农科院国际合作局贡锡峰局长商量和探讨了"延庆区（国际）中医农业综合示范园"项目筹建事项，并就下一步工作设想达成共识。该项目建成既能为"一带一路"倡议和"农业走出去"战略作贡献，又能推动中医原理与技术方法的农业应用（中医农业）。

世界中医药学会联合会副主席何嘉琅教授（定居在罗马）看了中医农业英文简介后发来信息："章院长好，非常新颖精彩，我们可先把这个新概念向粮农总干事汇报，他将于8月下旬回罗马。具体如何走程序，如发联系函给南南班①，报名登记参加粮农②创新研讨会等，我和王处长商量后再告知，谢谢。"

国际中医农业联盟向农业部畜牧业司（全国饲料办公室）马有祥司长汇报了中医原理和技术方法（中医农业）工作研发进展情况，马有祥司长表示祝贺并给予了指导性意见，又指出此事有创新，并表示看到这些新成就很高兴。

中医农业研发团队已在上海成立"百草中医农业研究所"及"中医饲料研发中心"，在崇明、苏州、安庆等地建立了6个中医农业示范基地，并研发了"一种、一膜、二料、三药"（及系列产品）共20多个产品（均已得到有关部门的证书）。

国际中医农业联盟向科技部中国高新技术产业开发区协会理事长张景安、中国人民对外友好协会秘书长李希奎、霍英东基金有限公司董事长霍震宇、诺贝尔奖获得者科学联盟副总裁陶然、全球创新中心中国委员会副主任项续朗、《环球财经》主编林鹰、广州国创基金投资控股有限公司副董事长隆焕宗等汇报和探讨了中医原理技术方法农业应用（中医农业）目前进展情况及下一步合作的可能性，并取得共识。

2018年7月9日，国际中医农业联盟应邀在潜山县召开的"中医农业在大别山地区产业扶贫及可持续发展中的作用座谈会"上作了"'互联网＋中医农业'助力大别山区产业扶贫和乡村振兴"的主题发言。

首本有关中医原理技术方法农业应用（中医农业）专著《中医农业：理论初探和生产实践》，近日由中国农业科学技术出版社正式出版，由各地新华书店经销。该书编委会由中国工程院印遇龙院士担任总顾问，国务院参事刘志仁担任主任。主编、副主编和编写人员均由中医农业研发团队主要成员担任。该书的出版发行将对我国农业发展的现状和未来产生重要影响，对"一带一路"倡议和"农业走出去"战略起到积极的作用，为"人类命运共同体建设"作出应有的贡献。

---

① 南南班指联合国南南合作办公室（UNOSSC）。
② 粮农指联合国粮食及农业组织（FAO）。

第五节　发展中医农业的政策建议

　　要实现中医农业的快速健康发展，充分发挥"中医原理和方法农业应用国家试验区"的示范和引领作用，必须正视目前中医农业行业标准、管理体系、监管认证、规模化、产业化和市场开发方面的不足，积极引导和借鉴其他农业发展方式的成功经验和理念，将资源优势、关键技术、先进经验和理念整合，把中医农业发展作为农业供给侧生态转型的重要方式，提高中国农产品核心竞争力的有效途径，使其在农业发展进程中占有重要地位。

一、政府主导，统一认识，高度重视

　　随着经济发展、国力增强、人民生活水平的提高，环境和健康问题相伴而生，食品安全问题成为近年来社会的焦点。2017年颁布的《国民营养计划（2017—2030）》提出要以人民健康为中心，以普及营养健康知识、建设营养健康环境、发展营养健康产业为重点，中医农业产品作为安全系数最高的食品，具有广大的市场需求。同时中医农业生产过程强调人与自然和谐相处，倡导环境保护和生态平衡，强调可持续发展，是习总书记提出的绿色发展理念的良好实践模式，应得到政府和民众的广泛认同、支持、推动。政府在推动中医农业的发展中应发挥引领作用，将中医农业作为绿色发展的重要组成部分开展普及教育和宣传，并成立专门的办公室，顶层设计确定目标，制定国家层面的中医农业发展规划，引领和推动中医农业健康有序的发展。

二、制定中医农业行业标准，构建统一认证监管平台

　　加快制定中医农业生产规范及产品标准，设立专门机构对中医农业的生产、物流、加工、销售和检测进行监管；严格产品认证标准和规程，构建统一的产品认证平台和溯源体系，形成产品的可溯源、规范处罚和退出机制。

三、科技部门和农业部门协调管理，多学科协同攻关

　　科技部门和农业部门要协调一致，多学科协同攻关，推进大学及相关科研院所中医农业的学科体系建设，加深中医农业关键领域和作用机理研究，培养后备人才。加强产品研发，对接中医农业全产业链和市场需求，开发出一系列

实际效果显著的中医农业肥药产品，并提升为国内外著名产品。

四、结合农业部化学肥药"双减"措施，在全国开展中医农业肥药替代化学肥药行动

大力发展林下种植中草药，在不占用耕地的情况下大幅度增加中草药供给量，按照特定配方制作中医农业肥药，以蔬菜、水果为主大面积推广应用；突出区域重点，聚集优势产区，以县为单位，抓好一批蔬菜水果生产大县以及生产基地，试点先行，梯次推进；突出机制创新，以园区基地为依托。以新型农业经营主体为核心，推动中医农业肥药替代化学肥药行动向社会化、产业化方向发展。

五、制定支持中医农业发展的政策

加大对中医农业发展的资金支持力度，国家和地方充分发挥农业专项资金的作用，对中医农业项目予以重点扶持，设立中医农业肥药购买补贴政策，对从事中医农业生产的农户和企业给予补贴，并鼓励和扶持中医农业肥药研发机构和生产企业；政府要积极对接养生保健的社会需求，培育中医农业产业链，并在普遍关注的关键领域促进形成产业集群；注重科普、科教与科研进程的协调，形成一体化协同发展，提高中医农业的社会认知，营造中医农业的良好发展氛围。

六、建立中医农业国家试验区，突出典型示范和引领带动作用

以"强、优、精、特"为标准，以体现中医农业建设的核心内容为重点，以能够引领中医农业的发展为方向，建立中医农业国家试验区，形成各类可复制可推广的典型。目前，分布全国的中医农业实验基地，利用中草药肥药、有机粪肥、有益微生物群、海洋生物、矿物质中微量肥素替代化学肥药，形成了可解决有机农业不能高产的高效生态模式，已在全国范围内辐射带动了一批农业企业，可上升为国家试验区，以充分发挥在高效生态农业方面的引领作用。

七、建立国际合作平台

尽快建立国际中医农业科技创新与产业发展联盟。该联盟的成立将有利于总结这些经验，推动中医农业更好、更稳、更快发展，扩大国内外专家和相关企业在该领域的合作和交流，促进中医农业理论与技术不断创新，探索一条新时代中国特色的生态农业生产新途径，对弘扬中国传统文化和建设健康中国具有重要意义，为实施国家"一带一路"倡议和"农业走出去"及乡村振兴战略，实现国家"两个一百年"奋斗目标和中华民族伟大复兴，作出应有的贡献。[1]

---

[1] 本章内容参见章力建等主编《中医农业：理论初探与生产实践》，中国农业科技出版社，2018年7月版。

第九章　生态食材与生态餐馆

第一节　生态食材与生态餐馆的概念

一、生态食材的概念

生态食材是指粮油、果蔬、水产、畜禽等食材在其生命周期，如生产和加工过程中，遵循生态学、生态经济学原理，以生态保育、耕育农业理念及合理利用生态资源为基础生产的无污染、可循环的优质产品，或者模拟天然条件为基础而抚育的食材的统称。

生态食材应是个系统工程，如其产业链就包括：生态食材农产品、生态食材产品（饮品）、生态餐饮、生态食材餐馆、生态食材商业物流体系等。旨在满足新时代人们对食品的优质、安全、无污染、营养健康又美味的消费需求的同时，能够实现循环经济和生态绿色发展。我国有两万多种特色农产品，形成了生态、健康、安全、营养为特色的生态食材体系。

二、生态餐馆的概念

食品安全是个系统工程，人们常说从田头到餐桌。生态食材也是个产业链，其中包括生态餐馆。

生态餐馆首先是使用生态食材的餐馆，生态食材餐馆的农产品原材料主材来自生态土地和生态环境，采用的生产技术具备中医农业、耕育田园的特点，生态食材从田头到餐桌全过程溯源监管，田头是生态土壤，无污染，用的是生态肥料，使用生态保育和资源平衡状态下可持续使用的生态水等自然资源。餐桌是生态餐馆的餐桌，餐桌上摆放的是利用生态食材烹饪的健康安全美味营养的饭菜。

第二节 全国生态食材与生态餐馆评定

关于开展"全国食材与生态餐馆评定工作"的通知

各省、自治区、直辖市生态食材评定中心，各涉农、餐饮服务业等有关单位：

《全国生态食材与生态餐馆评定工作实施意见》已经国资委商业饮食服务业发展中心研究同意，现予以印发，请认真遵照执行。

附件：全国生态食材与生态餐馆评定工作实施意见

全国生态食材评定中心

2018 年 8 月 6 日

全国生态食材与生态餐馆评定工作实施意见

为贯彻党的十九大"提供更多的优质生态产品，以满足人民日益增长的优美生态环境的需要"精神，落实国家发改委、商务部、教育部、生态环境部等9部门印发的《关于推动绿色餐饮发展的若干意见》和国家市场监管总局发布的《餐饮服务食品安全操作规范》等规定，结合我中心实际工作，现提出如下实施意见。

一、重要意义

国资委商业饮食服务业发展中心是经中央机构编制委员会办公室批准注册的事业单位，近期联合中国林业与环境促进会生态旅游委员会专家资源，专门开展生态餐饮、生态食材全产业链的评定。引导广大群众树立安全、优质、营养、健康的生态食材、生态餐饮消费理念，了解生态餐饮在全民大健康体系中的重要作用，帮助人们掌握安全、优质的生态食材和生态餐饮消费知识。为此由商业饮食服务业发展中心、中国林促会生态旅游委员会、中国地名学会文旅专业委员会倡议并发起，会同国家官方指定的第三方中华人民共和国生态原产地农业品牌评定机构中国林促会生态旅游委员会、全国中医农业产业化联合体等单位共同开展"生态食材与生态餐馆评定"的工作。

随着人们经济收入的增加、消费能力不断提高，食品的营养与健康已经成为大家特别注重的问题，对生态食材的追求越来越迫切，生态食材的价值将会上升到更高的消费层面，被消费者普遍认可和消费。生态产品已经成为重要的民生产品，保护生态就是保护民生，发展生态就是改善民生。生态食材直接关系人民群众身体健康与营养安全，关系农业绿色发展与生态循环。生态食材的优质、安全、绿色、营养供应，已成为广大人民群众最基本的需求。

二、工作目的

目前国内餐饮消费已经有年 4 万亿元的市场规模，但是餐饮业缺少生态食材，缺少生态餐馆，缺少生态、营养、健康的餐饮消费。在新时代的背景下，围绕"耕育农业·生态食材"，研究生态食材及生态餐饮行业，建立生态品牌，将生态餐馆集合成生态餐饮、生态教育、生态体验、生态采购于一体的复合空间具有重要意义。生态餐馆一是给顾客提供有机生态食材；二是采购来自生态农田的生态食材，以及利用生态食材加工的生态食品和生态饮品；三是体现生态教育、生态体验、耕育文化综合功能。要求生态餐厅反哺生态农业基地，促进乡村振兴，支持生态志愿者生态生活、生态消费；支持耕育文化回乡，建立生态志愿者与生产生态食材的提供者信任体系，建立生态消费者对生态餐厅的依赖和信任。生态餐馆也是良好的生态宣传和社交场所。利用生态餐馆强大的生态教育示范功能，发展生态餐饮文化，改变社会大众生活方式，倡导生态健康生活，引领社会生态消费。

动员社会各界广泛关注生态食材、生态食品的安全与营养问题；普及生态餐饮健康知识，增强生态消费意识；教育和引导人民群众培养良好的生态饮食习惯、建立科学健康的生活方式；把"让美味与生态和健康统一起来"，实现"生态食材 + 生态餐馆的正循环"；搭建"生态食材与生态消费"活动平台，创新生态农业与餐饮业的合作模式。把贫困地区的优质生态食材引进餐馆，以取得生态扶贫等多方共赢。

"生态食材与生态餐馆评定工作"可为贫困地区开展生态扶贫、产业扶贫、品牌扶贫的服务方法和路径。结合中国生态志愿者倡导的"生态生活、生态消费"理念，依托国家行政学院影视中心制作发行的大型百集政论纪录片《新时代·百县兴》促进乡村振兴活动，建立中国生态原产地品牌和生态食材生产基地，为打赢脱贫攻坚战提供落地的生态扶贫抓手和措施，确保生态扶贫效果，为贫困地区实现优质优价创造条件。

三、工作宗旨

"生态食材与生态餐馆评定工作"坚持以"生态食材、生态餐馆、生态消费"为导向，为生态食材产业链上农产品、食品、饮品、餐馆、商业物流体系、商业销售体系、消费服务体系等企业搭建合作平台。实现生态食材从生态田头到生态餐桌全过程服务。展示生态饮食餐饮文化，推进生态食材及生态餐饮产业链一二三产融合，引导餐饮行业走生态餐饮、健康餐饮、营养餐饮的发展道路，实现生态食材生态餐饮产业健康持续发展。

根据国家相关规定，尽快建立生态食材和生态餐饮标准体系。制定生态食材生产、生态餐饮服务和管理标准，完善生态食材和生态餐馆评价标准。建立生态餐饮服务体系。鼓励生态食材进社区、进学校、进医院、进餐馆、进办公餐饮服务区、进千家万户的餐桌，建设便民服务网络。加快推进早餐、团餐、特色小吃等服务业态，优先进入老人、青少年儿童、亚健康人群等特定群体的生态餐桌。

健全生态食材生产质量标准体系，加大耕地质量保护和生态食材溯源力度，强化农业投入品和种养殖生态生产过程监管，培育、引进农产品良种资源。利用互联网技术，建立生态餐馆网上点餐以及生态食材与生态餐馆电子结算系统，提高餐馆生态产品供给比重，提升生态食材附加值，提高生活品质。完善以中医农业为基础的耕育田园综合体和康养特色小镇，开展医养相结合的多层次、智能化养生养老服务体系。发展生态餐饮，引导餐饮企业建立采购生态食材、倡导生态保育、绿色节约的经营模式。

四、指导思想

目前，广大消费者追求食材的生态营养健康和安全，但我国餐厅远落后于新时代需求。2018年是生态餐饮业品牌快速发展的新时代，餐饮行业将进入"新时代、新生态、新餐饮、新食材"的阶段。中国餐饮行业将出现新生态，以及适应新生态的新模式，和找到自己新生态的新餐饮。基于生态志愿者生态消费理念，围绕生态消费从顾客体验、品牌定位、产品设计、营销策略、经营思维多方面做重大改变。增强生态保育意识、普及耕育文化知识、促进生物多样性恢复，建立"生态产品、生态品牌、生态产业、生态旅游、生态经济"生态融合体系等。

五、目标任务

建立评定服务体系，其主要工作任务是：

（一）制定生态食材、生态食品（饮品）、生态餐饮等行业或团体标准；

（二）对涉及生态食材、食品、饮品和餐饮业的生产、加工、流通企业、食材肥料、生产基地、示范区（市、县、乡镇）、餐馆（酒店、餐厅、饮品店）等开展有效的服务工作；

（三）开展生态食材科普教育、开展生态食材技术交流和人才培训工作；

（四）组织生态食材国际、国内高峰论坛，开展"中国好生态、好食好材好餐馆"的生态宣教活动，助推生态食材走向海外市场；

（五）开展生态食材扶贫工作。

六、工作宗旨与要求

生态食材是指粮油、果蔬、水产、畜禽等食材在生产和加工中考虑生态承载力和可持续利用能力，遵循生态学、生态经济学原理，以生态保育、耕育农业理念及合理利用生态资源为基础生产的无污染、可循环的优质产品，或者模拟天然条件为基础而抚育生产的食材的统称。生态食材产业链包括：生态食材农产品、生态食材食品、生态食材饮品、生态食材餐馆、生态食材商业物流体系等，旨在满足人们对食品的优质安全、无污染、营养健康的消费需求的同时，能够实现农业循环和生态绿色发展。我国有2万多种特色农产品，使我国形成了生态、健康、安全、营养为特色的生态食材体系。

生态餐馆首先是生态食材餐馆，生态食材餐馆的农产品原材料主材是来自生态的土地和生产环境，采用的生产技术具备中医农业、耕育田园的特点。生态食材从田头到餐桌全过程溯源监管，田头是生态土壤，用的是生态肥料，使用生态保育和资源平衡状态下可持续利用的生态水等自然资源，餐桌是生态餐馆的餐桌，餐桌上摆放的是利用生态食材烹饪的健康安全营养饭菜。而且生态餐馆在采购、加工、配送、消费、废弃物处置等多个环节的全产业链突出生态理念。建立生态餐馆仓储、加工、管理、服务以及自助餐、宴席等重点领域的生态标准体系，将生态理念融入生产消费的全过程，减少一次性产品使用量及餐厨废弃物。生态餐馆的采购、配送、服务等各个环节，注重节约节能，推广适量点餐、分餐、打包服务。根据生态消费进行生态装修。制定生态餐饮服务和管理标准，制定完善生态餐饮相关标准，推广生态加工和配送模式，减少一次性不可降解塑料制品使用，推行回收一次性餐饮具，可循环利用餐饮具，倡导生态发展理念。

生态餐馆食材采信标准是"两生两品（二生二品）"生态产品标准。其中"两生（二生）"是国家生态原产地、生态食材。"两品（二品）"是绿色食品、有机食品；生态餐馆提供"环保生态、健康营养"的餐饮服务。要求生态餐饮企业节能化、生态化发展，支持生态志愿者引导生态消费、践行生态环保的理念，推动餐饮产业链形成健康生态营养可持续发展。支持生态餐馆与生态康养、旅游、文化等行业融合发展，形成各具特色的餐饮服务链。在全社会营造生态志愿者"生态生活、生态消费"的良好氛围。加强生态教育，使生态发展理念变成餐饮人员自觉行动，引导顾客文明用餐，养成节俭消费的良好习惯。建立一二三产融合体系。在确保公众"舌尖上的生态"安全的同时，为市场提供符合人民需要的优质安全农产品，为国际农产品市场提供有竞争力的中国生态品牌产品。

七、实施步骤

一是建立联动机制，发挥各自优势，结合当地实际情况，切实把生态食材进餐桌、生态餐馆评定的各项工作落到实处。

二是切实加强宣传推广。加大对生态餐饮的宣传力度，强化政府推动生态餐饮业发展，总结宣传生态餐饮发展的经验和模式。

三是加强与各地餐饮协会中介组织合作，组织开展生态食材、生态餐馆评定工作。

"生态食材与生态餐馆（生态酒店、生态餐厅、生态饮品店）评定工作"将长期在全国范围内开展，采取总体规划、分步实施的方法，以点带面，开展各类生态食材进餐桌专项活动，有计划、有步骤地推动生态食材产业链整体工作开展。

第二编

生态食品与安全

第十章　中国食品文化与食品安全概述

第一节　中国古代食品文化与食品安全概述

距今 170 万年以前的元谋人已经发现甚至可能已学会利用火了，但没有证据表明当时的人类已经开始了用火熟食的尝试。

距今 50 多万年的北京猿人已经会生火、管理火以及用火熟食了。恩格斯曾在《自然辩证法》中指出了人类用火熟食的意义，"（人类用火熟食）更加缩短了消化过程，因为它为口提供了可说是已经半消化了的食物"，并认为"可以把这种发现看作是人类历史的发端"。他认为火的使用"第一次使人支配了一种自然力，从而最终把人同动物分开"。用火熟食标志着人类从野蛮走向文明，结束了人类生食状态，使其体质和智力得到更迅速的发展。

在人类长期的生产生活过程中，人们逐步认识到添加一些物质可以改变食品的色、香、味、形等感官性状，从而增加人们的食欲或延长食品保质期限。如早在东汉时期，人们就懂得使用盐卤制作豆腐；从南宋开始，一矾二碱三盐的油条配方就有了记载；大约在 800 年前的南宋，亚硝酸盐就被用于生产腊肉；公元 6 世纪，贾思勰在《齐民要术》中记载了用天然色素为食品染色的方法。

长期的生产生活实践也使人类逐渐认识到，食品可能由于自身的原因，或保存条件的不合适，以及一些化学物质的加入对人体健康有害，如食品会出现腐败变质，并可能传播疾病，因此，早在 3000 多年的西周时期，官方将医生分为四大类：食医、疾医、疡医和兽医。其中食医排在众医官之首，还设有凌人，专门负责食品的冷藏防腐，他们的工作是"冬景取冰，藏之凌阴，为消暑之用"。

从夏朝到春秋战国近 2000 年，是中国食品文化的形成阶段，中国食品文化初步成形。春秋战国时期，各国为了富国强兵，都把发展农业放在首位，如齐国国相管仲提出治国要"强本"，强本则必须"利农"，"农事胜则入粟多"，"入粟多则国富"。战国时期普遍推广农具和牛耕，大量开垦荒地，将对农业生产的经验总结上升到理论高度，养殖已经进入个体家庭。

农业的发展使谷物酿酒得到了发展。周代初期，周王室设专门的官员"酒正""掌酒之政令"，并开始利用"曲"来酿酒。而欧洲直到19世纪90年代才从我国的酒曲中提取出一种毛霉，在酒精工业中发明了著名的淀粉发酵法。

春秋战国时期，商业空前繁荣，已出现有官商和私商。东方六国的首都大梁、邯郸、阳翟、临淄、郢、蓟都是当时著名的商业中心。商业的发达为烹饪原料、新型烹饪工具与烹饪技艺等方面的交流提供了便利，为餐饮业提供了广阔的发展空间。儒家、道家都从不同角度肯定了人对饮食的合理要求，具有积极意义。如《论语·乡党篇》："食不厌精，脍不厌细。食饐而餲，鱼馁而肉败，不食。色恶，不食。臭恶，不食。失饪，不食。不时，不食。割不正，不食。不得其酱，不食。肉虽多，不使胜食气。唯酒无量，不及乱。沽酒市脯，不食。不撤姜食，不多食。"这段话的意思是：粮食不嫌舂得精，鱼和肉不嫌切得细。粮食陈旧和变味了，鱼和肉腐烂了，都不吃。食物的颜色变了，不吃。气味变了，不吃。烹调不当，不吃。不时新的东西，不吃。肉切得不方正，不吃。佐料放得不适当，不吃。席上的肉虽多，但吃的量不超过米面的量。只有酒没有限制，但不喝醉。从市上买来的肉干和酒，不吃。每餐必须有姜，但也不多吃。

又如，《荀子·正名》："心平愉，则色不及佣而可以养目，声不及佣而可以养耳，蔬食菜羹而可以养口，粗布之衣、粗紃之履而可以养体，局室、芦帘、葭稾蓐、尚机筵而可以养形。"这段话的意思是：心境平静愉快，那么颜色就是不如一般的，也可以用来调养眼睛；声音就是不如一般的，也可以用来调养耳朵；粗饭、菜羹，也可以用来调养口胃；粗布做的衣服、粗麻绳编制的鞋子，也可以用来保养身躯；狭窄的房间、芦苇做的帘子、芦苇稻草做的草垫子、破旧的几桌竹席，也可以用来保养体态容貌。

《老子·第十二章》："五色令人目盲，五音令人耳聋，五味令人口爽，驰骋畋猎令人心发狂，难得之货令人行妨。"这段话的意思是：沉溺在五颜六色的缭乱之中，会令人眼盲；沉溺在五音六律的嘈杂之中，会令人耳聋；沉溺在五味的珍馐美味之中，会令人失去胃口；沉溺在田猎驰逐的爱好之中，会令人心发狂；沉溺在难得之货的欲望之中，会妨害人的行为。又如孔子赞扬颜回"一箪食，一瓢饮，回也不改其乐"。这些观点都对饮食保健理论的形成与发展起到了奠基作用。

史载，我国魏晋南北朝时期出现的食品专著多达 38 种，隋唐五代时期的食品专著有 12 种，但在历史发展过程中不少已丢失了，今天可以看到的已残缺不齐，如，相传曹植作《四时食制》、崔浩的《食经》、南北朝《食经》《食次》等，还有唐代陆羽《茶经》、张又新《煎茶水记》、西晋束皙《饼赋》、东汉崔寔《四民月令》。北魏贾思勰所著《齐民要术》是我国第一部农学巨著，书中不但记载了很多此前已消失的烹饪大料，而且还收录了当时以黄河流域为中心，涉及南方，远及少数民族中部的烹饪方法和 200 多种菜肴。

在这个历史发展阶段，中国食品文化的重大成就表现在：第一，食品原料范围进一步扩大，品种进一步增多，域外原料大量引进，海产品大量使用；第二，植物油用于烹饪；第三，铁质烹饪器具的使用，"炒""爆"工艺出现；第四，瓷器和高桌座椅的普及，开始了中国餐具瓷器化和餐饮桌椅化的新时代；第五，宴会盛行，奠定了中国传统宴会的基本模式；第六，烹饪专著大量涌现，食疗食养理论进一步发展。

隋唐是我国封建社会的鼎盛时期，中国食品文化发展到了一个全面繁荣的新阶段：第一，国家的长期稳定为将食品文化推向更高层次打下了坚实的基础；第二，中外政治、经济、文化交流日益频繁，有助于中外食品文化的交融吸收及相互促进；第三，最高统治者针对国计民生的重担出台了一系列有利于食品文化的政策，推动了食品文化的发展；第四，政治生活的自由开放，释放了人们在食品文化中的创造能量。

《唐律疏议》是中国现存的第一部内容完整的法律，其中就有特别规定，食物有毒，已经让人受害，剩余的必须立即焚烧，违者杖打九十大板；如果故意送人食品甚至出售，致人生病者，判处一年徒刑；致人死亡者，处以绞刑"（脯肉有毒，曾经病人，有余者速焚之，违者杖九十；若故与人食并将其出卖而令人病者，徒一年，以故致死者绞"）。

从北宋建立到清朝灭亡，中国传统食品文化在各方面都日益完善，进而走向成熟：第一，烹饪原料的引进及利用，如辣椒、番薯、番茄、南瓜、四季豆、马铃薯、花菜等，这一时期，经过改良，蔬菜品种得到增多优化；第二，烹饪工具与烹饪技术的进一步发展；第三，风味流派与地方菜的形成；第四，食品制作理论推向成熟阶段，如著名文人袁枚《随园食单》，这是他 72 岁高龄以后整理写成的烹饪专著。这部著作在我国食品文化史上有承前启后的作用，其中有许多论点可供今人借鉴，其主要观点为原料选择、原料搭配、烹调诸要素的作用及相应制约，破除陈规陋习，创造出符合实际需要的食物，讲究装盘上菜及进食艺术等；第五，中国药膳学的形成，如宋代官修大型方书《圣济总录》共200卷，载方剂近两万余首，在药膳制法和剂型上都有新的突破。

明代李时珍所著的《本草纲目》，总结了明代药物学成就，是我国药物学、植物学等学科的宝贵遗产。

第二节　中国现代食品文化与食品安全概述

20世纪以来，有学者称现代中国食品文化有划时代的变革。第一，新食料、新食品以及新的食品技术的引进、开发及使用。如鱼露、蛇油、咖喱、芥末、可可、咖啡、奶油、苏打粉、香精、人工合成色素等在食品工业和餐饮业中的应用，改变了食品原有风味，质量也有所提高。同时，对传统烹调工艺产生了很大的冲击。近年来，生物科技在食品中的应用越来越广泛，它不仅改变了原有食品原料的品质，而且还合成了许多原料。为了提高奶牛的产奶量，又不影响奶的质量，采用基因工程技术生产的牛生长激素BST为母牛注射，便可达到提高母牛产奶的目的；为了提高猪的瘦肉率，降低其脂肪含量，则采用基因重组的猪生长激素，注射至生猪上，可使猪瘦肉型化，有利于改善肉食品质；运用基因工程技术可有效地改良植物原料品质，提高产品质量，如改良蛋白质类食品、改良油脂类食品和延熟保鲜等。另外，基因工程已广泛运用到改良植物源食品的各方面，如增加果实的甜度及作物器官组织微量元素的含量，控制果实软化及提高抗冻和抗病的能力。第二，厨房的革命。新一代的厨房设计会更加着力于环保、静音、娱乐、节能、寿命、情感、色彩、灯光、智能管理等新领域，并根据人体工程学进行"食品储备区、清洗区、准备区、烹饪区、烧烤区五大功能设计"。第三，营养安全的食品理念。中国传统食品文化中一大特点是"五味调和"，即传统食品，特别是菜肴，在制作上讲究"和"，油盐酱醋、酸甜苦辣、鱼肉禽蛋、菜蔬豆瓜、烹煮烧烤、冷炙火锅，种种不同的物体，滋味和烧法，都能"和"在一块，但是随着社会的进步和经济的发展，人们对食品科学、食品营养知识有了更深入的了解，大众已不再满足于食品的色、香、味，不再满足于用嘴吃饭，而是逐渐重视食品的营养和安全。如今又讲究中西医学结合，传统食治养生学说与现代营养学的相互渗透，宏观把握与微观分析两种方法的相互配合，使得中国食品烹饪向现代化、科学化迈出更快步伐。第四，中外食品文化的大碰撞。新中国成立后，特别是随着改革开放的深入，西方国家的一些先进的厨房设备和简易的烹饪方法正在被学习和借鉴。这不仅是对中国饮食传统文化的挑战，也是食品文化蓬勃发展的机遇。必须认识到，历史发展到今天，形成注重生命长久，排斥生活质量的历史条件和社会条件已不复存在。不但追求长寿，对生活质量的追求也逐渐成为国人的生活态度。

社会在进步，科技在发展，未来的食品原料、食品制作方式和食品种类也将发生意想不到的变化，但可以肯定一点，营养、安全、便捷、环保仍是未来食品文化、食品理念发展的主方向，同时食品文化法治的元素将越来越凸显出来。

第三节　中国当代食品文化与食品安全

当今，人们更关心食品安全问题。"民以食为天，食以安为先"，食品标准与法规是从事食品生产、营销、贮存、食品资源开发与利用、食品监督与检测以及食品质量管理体制与合格评估必须遵守的行为规则，是规范市场经济秩序，实现食品安全监督管理的重要依据，是协调和打破国际技术性贸易壁垒的基本准则，也是食品行业、食品文化持续发展的根本保证。

上述行为规则，一定会演化为法律规则，法律规则是由国家制定或认可的，具有普遍约束力的行为规则，它规定了社会关系参加者在法律上的权利和义务，并以国家强制力来保障实施。这样，食品安全规范监管以及食品安全法的制定与颁布成为一种必然趋势。

第十一章　食品安全标准及检测

第一节　食品安全标准体系

一、食品安全标准体系现状概述

我国食品安全标准体系始建于 20 世纪 60 年代，经历了初级阶段（20 世纪 60—70 年代）、发展阶段（20 世纪 80 年代）、调整阶段（20 世纪 90 年代）和巩固发展阶段（20 世纪 90 年代至今）四个阶段，经历了 50 多年的发展。中国食品安全标准体系的建设已经上了一个新的台阶，目前已初步建立起一个以国家标准为主体，行业标准、地方标准和企业标准相互补充，门类齐全，相互配套的与中国食品产业发展、提高食品安全水准、保证人民身体健康基本相适应的标准体系。

食品标准在食品工业中占有十分重要的地位，也是食品卫生质量安全和食品工业持续发展的重要保障。截止到 2003 年年底，中国发布的食品标准共计 3400 项，其中国家标准 2206 项，行业标准 1194 项。食品工业标准化体系表共划分了 19 个专业，包括谷物食品、食用油脂、屠宰及肉禽制品、水产食品、罐头食品、食粮、焙烤食品、糖果、调味品、乳及乳制品、果蔬制品、淀粉及淀粉制品、食品添加剂、蛋制品、发酵制品、饮料酒、软饮料及冷冻饮品、茶叶、辐照食品。

由于国内外对食品质量和安全的重视，人们对优质、安全食品的需求不断增加，食品加工业将向无公害食品、绿色食品、有机食品方向发展，并且在食品原料和加工过程、食品流通等方面形成全程质量管理标准体系，建立从农田到餐桌的食品安全控制标准与措施，这也促使从过去的重视产品标准形成到各个主要环节的标准全面发展的大格局。

值得注意的是，2018年我国市场监督管理总局发布了《餐饮服务食品安全操作规范》，于2018年10月1日起施行。它是为指导餐饮服务提供规范经营行为，在新时代落实食品安全法律、法规、规章和规范性文件要求，履行食品安全管理能力，保证餐饮食品安全，在修订了原《餐饮服务食品安全操作规范》基础上新发布的重要文件，对我国食品安全标准体系内容的充实完善，有着重要意义。

二、食品安全标准体系的概念、特点与分类

（一）食品安全标准体系的概念

食品安全标准体系是以系统科学和标准化的原理为指导，按照风险分析（包括风险评估、风险管理、风险交流）的原则和方法，对食品生产、加工和流通整个食品链中的食品生产全过程各个环节影响食品安全和质量的关键要素及其控制所涉及的全部标准，按其内在联系形成的系统、科学、合理且可行的有机整体，反映了标准之间相互关联、相互协调、相互制约的内在联系。也就是说，食品安全标准体系是一个由食品安全标准组成的系统。实施食品安全标准体系，可实现对食品安全的有效监督，提升食品安全的整体水平。

（二）中国食品安全标准体系的特点

中国食品安全标准体系和其他国家与地区以及国际组织的食品安全标准体系比较，有下列特点：

1.各级标准相互配合，形成了比较完整的标准体系。中国食品安全标准体系中，强制性标准与推荐性标准相结合，国家标准、行业标准、地方标准、企业标准相配合，形成了一个较为完整的标准体系。例如，对一些有毒有害物质的检测方法，国家至今尚未制定标准，为了满足中国食品安全检验检疫出口贸易需要，补充了约184项食品中有毒有害物质检测方法商检行业标准；食品安全国家标准中共有82项食品安全控制技术规程，各行业根据自身的需求，制定了336项食品安全控制技术规程。

2.基本满足了食品安全控制与管理的目标和要求。中国食品安全标准类型较为齐全，覆盖面广，涵盖了主要的食品种类、食品链全过程各环节及有毒有害污染物危害因子几个方面，基本能满足和实现对整个食品链，即"从农田到餐桌"全过程（包括初级生产、生产加工、市场流通和餐饮消费）进行食品安全危害控制的目标要求。

3. 与国际标准体系基本一致。如，污染物限量指标一致率为 80%，农残标准限量指标一致率达 85% 以上。

4. 体现了科学性原则和 WTO/SPS 协议的原则。中国制定的食品安全标准充分考虑到在 SPS 协定的原则框架下，与国际接轨，尽量采用和转化为国际标准，针对中国独特的地理环境因素、人文因素等特殊要求，以"适当的健康保护水平"为目标和原则，以充分的"危险性评估"为科学依据，制定出中国的食品安全标准。例如，我国食品安全标准中有 9 项农残指标和 17 项污染物指标，都是从本国的膳食因素、地理因素、环境因素、加工因素等方面，采用"危险性评估"原则，充分进行科学分析，提出合理依据和理由后制定的。

当然，中国食品安全标准体系也有一些问题有待进一步完善与提高，如：标准总体水平偏低；部分标准之间不协调，存在交叉，甚至相互矛盾；重要标准短缺；标准的前期研究薄弱及部分标准的实施情况较差，甚至强制性标准也未得到很好的实施等。

（三）食品安全标准体系的分类

食品安全标准体系分类大致包括以下情况：

1. 按标准制定的主体划分

一般分为国际标准、区域标准、国家标准、行业标准、地方标准和企业标准。

（1）国际标准：是指国际标准化组织（ISO）、国际电工委员会（IEC）和国际电信联盟（ITU）制定的标准，以及国际标准化组织确认并公布的其他国际组织制定的标准。

（2）区域标准：是由区域标准化组织或标准组织通过并公开发布的标准。例如，欧洲标准化委员会（CEN）标准，欧洲电工标准化委员会（CENELEC）标准，等等。

（3）国家标准：我国的国家标准由国务院标准化行政主管部门编制计划和组织草拟，并统一审批、编号、发布，并在全国范围内实施。我国强制性国家标准的代号为"GB"，推荐性国家标准代号为"GB/T"。我国国家标准的种类采用我国行业划分的方法。

（4）行业标准：我国的行业标准是由国家有关行业行政主管部门制定并报国务院标准化行政主管部门备案公开发布的标准。行业标准代号由两个汉语拼音字母组成，不同行业有着不同的代号。如，农业行业标准是 NY，轻工业标准是 QB，粮食行业标准是 LS 等。

根据我国现行标准化法的规定，对没有国家标准而又需要在全国某行业范围内统一的技术要求，可以制定行业标准，作为对国家标准的补充，当相应的国家标准实施后，该行业标准自行废止。

（5）地方标准：我国的地方标准是由省、自治区、直辖市标准化行政主管部门制定并报国务院标准化行政主管部门备案公开发布的标准。地方标准的代号由"DH"和各省、市、自治区行政区代码前两位数加斜线组成。

根据我国现行标准化法的规定，对没有国家标准和行业标准的又需要在省、自治区、直辖市范围内统一产品的安全、卫生要求，可以制定地方标准。

（6）企业标准：它是由企业制定并由企业法人代表或其授权、发布的标准。

企业标准是企业独有的无形资产。企业标准如何制定，在遵守法律的前提下，完全由企业自己做主；企业标准采取什么形式、规定什么内容，以及标准制定的时机等，完全由企业据其自身需要和市场客观要求来决定。

企业标准的代号由"Q"加斜线再加企业代号组成。企业代号可用大写拼音字母或阿拉伯数字或两者兼用，企业代号按中央所属企业和地方企业分别由国务院有关行政主管部门或者省、自治区、直辖市政府标准化行政主管部门会同同级有关行政主管部门加以规定。

2. 按标准化对象的基本属性划分

（1）技术标准指对标准化领域中需要协调统一的技术事项所制定的标准。

技术标准的形式可以是标准、技术规范等文件，也可以是标准样品实物。技术标准体系的主体量大、涉及面广、种类繁多，其中主要的有基础标准，产品标准，设计标准，工艺标准，检验和试验标准，医药卫生和职业健康标准，安全标准，环境标准，信息标识，包装、搬运、储存、安装、交付、维修、服务标准，等等。

（2）管理标准指对标准化领域中需要协调统一的管理事项所制定的标准。包括经营管理，开发与设计管理，采购管理，生产管理，质量管理，设备与基础设施管理，安全管理，信息管理，财务管理，人力资源管理等。

（3）工作标准是指对标准化领域中需要协调统一的工作事项所制定的标准，即为实现整个工作过程的协调、提高工作质量和工作效率、对工作定位所制定的标准。

3. 按标准实施的约束力划分

（1）我国的强制性标准和推荐性标准。

（2）世界贸易组织的技术法规和标准。

（3）欧盟的指令和标准。

4. 按标准信息载体划分

有标准文件和标准样品。标准文件的作用主要是指出要求和作出规定，制定某一领域的共同准则；标准样品的作用主要是提供实物，作为质量检验和鉴定的对比依据、测量设备鉴定标准的依据，以及作为判断测试数据准确性和精确度的依据。

5. 按标准的对象和作用划分

（1）基础标准。在一定范围内作为其他标准的基础而普遍通用，具有广泛的指导意义。一般有以下几种：概念和符号标准，精度和互换性标准，实现系列化和保证配套关系的标准，结构要素标准，产品质量保证和环境条件标准，安全及卫生和环境保护标准，管理标准，量和单位。

（2）产品标准。对产品结构、规格、质量和检验方法所作的技术规定。

（3）方法标准。以试验、检查、分析、抽样、统计、计算、测定、作业等各种方法为对象而制定的标准。

（4）安全标准。包括乳品安全标准，真菌霉素、农兽药残留、食品添加剂和营养强化剂、预包装食品标签和营养标签通则等300余部食品安全国家标准。

（5）卫生标准。为保护人的健康，对食品、医药及其他方面的卫生要求而制定的标准，如食品卫生标准，药物卫生标准，生活用水卫生标准，工业企业卫生标准，等等。

6. 指导性技术文件

指导性技术文件是为仍处于技术发展过程中的标准化工作提供指导指南或信息，供科研、设计、生产、使用和管理等有关人员参考使用而制定的标准文件。指导性技术文件不具有强制力或行政约束力。

指导性技术文件每三年需要复审，以决定是否继续有效，或转化为国家标准或撤销。[1]

---

[1]　本节内容参见张观发《食品安全培训教程》，河南科学技术出版社，2017年4月。

第二节　ISO9000 和 ISO22000（食品安全管理体系）的建立与实施

一、ISO9000 质量管理体系的建立与实施

质量管理体系指在质量方面指挥和控制组织的管理体系。质量管理体系是组织管理体系的一部分，它致力于使用与质量目标有关的结果以适当地满足顾客和其他相关方的需求、期望和要求。

采用质量管理体系应当是最高管理者的一项战略性决策。目前，食品企业应用最广的质量管理体系是 ISO9000 系列标准。

ISO9000 又称 ISO9000 族标准，是国际标准化组织（ISO）于 1987 年设立的质量管理和质量保证技术委员会（ISO/TC176）负责制定的质量管理和质量保证标准。ISO9000 目前主要包括以下几项核心标准，其主要内容和目前的发布情况如下：

ISO9000：《质量管理体系基础和术语》，目前使用的是 2005 年版本，我国 2008 年 10 月 29 日等同采用 ISO9000；2008 年发布了 GB/T19000—2008，于 2009 年 5 月 1 日实施。

ISO9001：《质量管理体系要求》，目前使用是 2008 年版本，我国 2008 年 12 月 30 日等同发布了 GB/T19001—2008，2009 年 3 月 1 日实施。

ISO9004：《质量管理体系业绩改进指南》，目前使用是 2000 年版本。

食品企业实施 ISO9000 质量管理体系的目的和意义：

1. 可以预防不合格产品或恶劣服务的发生，提高单位信誉度。

2. 一次性把工作做好，以最少的成本赚取最大的利润。

3. 可以减少临时救急的情况，有利于把管理者从日常琐事中解脱出来，多考虑发展前景。

4. 可以系统化管理，将本单位和其他单位的经验纳入一套规范化的质量体系之中，用于培训员工、规范员工的工作程序，减少工作失误，提高工作效率。

5. 可以有效地发现和解决质量问题，防止错误重复发生。

6. 为使员工一次就做好工作提供了手段。

7. 能够方便快捷地向顾客提供用来证实产品和服务质量的客观证据。

8. 为质量管理体系评价者、顾客代表和发生法律诉讼时所聘请的律师提供事实证据。

9. 可以定期检查本单位的工作情况，及时改进工作和保证产品质量的安全。

二、ISO22000 食品安全管理体系的建立和实施

（一）ISO22000 产生的背景

随着经济全球化的发展，社会文明程度的提高，人们越来越关注食品的安全问题，要求生产、操作和供应食品的组织证明自己有能力控制食品安全危害和那些影响食品安全的因素。顾客的期望、社会的责任，使食品生产、操作和供应的组织逐渐认识到，应当有标准来指导操作、保障、评价食品安全管理。这种对标准的呼吁，促使 ISO22000：2005 食品安全管理体系要求标准的产生。

ISO22000：2005 标准既是描述食品安全管理体系要求的使用指导标准，又是可供食品生产、操作和供应的组织认证和注册的依据。ISO22000：2005 采用了 ISO9000 标准体系结构，将 HACCP（Hazard Analysis and Critical Control Point，危害分析的临界控制点）原理应用于整个体系，明确了危害分析作为安全食品实现策划的核心，并将国际食品法典委员会（CAC）所制定的预备步骤中的产品特性、预期用途、流程图、加工步骤和控制措施与沟通作为危害分析项目，同时将 HACCP 计划及其前提条件（前提方案）动态、均衡地结合。本标准可以与其他管理标准相整合，如质量管理体系标准和环境管理体系标准等，因此，ISO22000 是在 HAPP（即危害分析和关键控制点）、GMM（良好操作规范）和 SSOP（卫生标准操作规范）的基础上，同时整合了 ISO9001：2000 的部分要求而形成的。

进入 21 世纪，世界范围内的消费者都要求安全和健康的食品，食品加工企业（包括生态食品企业）因此不得不贯彻食品安全管理体系，以确保生产和销售安全食品。为了帮助这些食品加工企业满足市场的需求，同时，也为了证实这些企业已经建立和实施了食品安全管理体系，从而有能力提供安全食品，开发一个可用于审核的标准成为一种强烈的需求。另外，由于贸易的国际化和全球化，基于 HACCP 原理，开发一个国际标准也成为各国食品行业的强烈需求。2001 年，在丹麦标准协会（DS）的建议下成立了 ISO/TC34 食物制品技术委员会，丹麦方担任了秘书处工作。为了同一目的，工作组（WG8）于同年 11 月成立，

他们为形成 ISO/AWI2200《食品安全管理系统——必要条件》制定了工作计划和时间表，这一标准与目前联合国有关组织已经推出的规则相协调，并与 ISO 有关导则相一致。

（二）ISO22000 标准的作用、应用范围、内容及特点

1.ISO22000 标准的作用

（1）作为国际认可的标准使不同标准不同客户和国家的不同要求都可以在这个体系中得到统一，进而促进国际贸易的发展。

（2）用主动和系统的方法使食品安全可以被有效地识别和控制危害，从根本上发现、解决了食品安全中存在的问题和隐患，进而减少了食品安全事件的发生，并且不用担负巨额补救资金。

（3）促进相关方之间的沟通，包括政府国际贸易商、生产厂商、批发和零售商及消费者，这样可以有效提升彼此间的信任度。

（4）可与现有的管理体系 ISO9001：2008 和 ISO14001：2004 相结合。

（5）基于风险评估的结果确定食品安全的工作重点，使资源得到最充分的利用。

（6）是一个由内部、第二方和第三方评审的通用标准。

2.ISO22000 标准的应用范围

ISO22000 适用于食品供应链范围内所有类型的组织，它通过对食品链中任何组织在生产（经营）过程中可能出现的危害（指产品）进行分析，确定关键控制点，将危害降低到消费者可以接受的水平。

ISO22000 的使用范围涵盖了食品周期全过程，即种植、养殖、初级加工、生产制造、分销、零售一直到消费者使用，其中也包括餐饮。与食品生产密切相关的行业也可以采用这个标准建立食品安全管理体系，如配料、食品添加剂、食品设备、食品包装材料、食品清洁服务、清洁剂、贮藏、运输、杀虫剂、兽药等。此外，该标准适用于在食品链中所有希望建立食品质量安全保证体系的组织，无论其规模大小，如农产品生产厂商、动物饲料生产厂商、食品生产厂商、批发商和零售商，它也适用于设备供应商、物流供应商、包装材料供应商、农业化学品和食品添加剂供应厂商、涉及食品的服务供应商。实施 ISO22000 的要求可通过利用任何内部或外部的资源。

ISO22000 具体规定了组织食品供应链中食品安全管理系统的要求：（1）相关组织需要证明其控制食品安全风险的能力，以便持续提供全程安全的食品，

其食品既能满足消费者的需求，又符合相应的食品安全条例要求；（2）通过有效控制食品安全风险及持续改进体系的过程，增加顾客满意度。

（三）ISO22000 标准的内容

ISO22000 标准的内容，据 GB/T22000—2006 可分八大部分：

1. 范围；2. 规范性引用文件；3. 术语与定义；4. 食品安全管理体系；5. 管理职责；6.资源管理；7.安全产品的策划和实现；8.食品安全管理体系的确认、验证和改进。

其中每一部分下面又有许多内容，例如，食品安全管理体系涉及：总要求、文件要件、总解、文件控制与记录控制；又如管理职责这部分有：管理承诺、食品安全方针、食品安全管理体系策划、职责和权限、食品安全小组组长、沟通、外部沟通、内部沟通、应急准备和响应、管理评审、总则、评审输入、评审输出；再如食品安全管理体系的确认、验证和改进部分包括：总则、控制措施组合的确认、监视和测量的控制、食品安全管理体系的验证、内部审核、单项验证结果的评价、验证活动结果的分析、改进和持续改进、食品安全管理体系的更新，等等。

（四）ISO22000 标准的特点

ISO22000 是国际标准化组织发布的继 ISO9000 和 ISO14000 后用于合格评定的第三个管理体系国际标准，ISO22000 将国际上最新的管理理念与食品安全控制的有效工具——HACCP 原理有效融合，纵观 ISO22000：2005 标准有以下特点：

1. 食品安全管理范围延伸至整个食品链。2. 管理领域先进理念与 HACCP 原理有效融合，过程方式、系统管理及持续改进是现代管理领域先进理念的核心内容：（1）食品安全目标导向建立一个系统，以最有效的方法实现组织的食品安全方针和目标；（2）过程的识别和危害、分析，组织、策划和开发安全食品所需的过程；（3）体系的实施和运行，有效的安全产品生产，要求和谐地整合不同类型的前提方案和 HACCP 计划；（4）体系的监视和测量；（5）持续改进体系。3. 强调交互式沟通的重要性。4. 满足法律法规要求是食品安全的前提，如：（1）导入食品安全管理体系的目的可包括需要展示其控制食品安全危害的能力，以持续提供安全的最终产品，满足签约客户和适用的、规定的食品安全要求，证实与食品安全使用的法律法规所要求的一致性；（2）在"食品安全方针"中规定，组织的最高管理者应确保食品安全方针符合与客户商定的食品安全要求和法律法规的要求；（3）在内部和外部沟通方面，包含法律法规和其他要求；（4）当选择和设计前提方案时，组织应考虑利用与已有预先设计方案适宜的信息（如法规、客户要求、指南、法典原理和规范标准、国家和行业标准）；（5）产品特性的描述；（6）法律法规和其他要求，针对每个确定的食品安全危害，对最终产品或食品安全危害的可接受水平，均应尽可能予以确定。确定的水平应考虑现有法律法规的要求、顾客对食品的安全要求、产品的用途；（7）组织为确保识别产品批次及原料批次，加工和分销记录的关系所建立的追溯性系统应符合顾客和法律法规的要求，特别是与产品标准有关的要求；（8）对照溯源国际或国家测量标准，按照规定的时间间隔或在使用前进行鉴定；（9）内外沟通包括对适用法律法规的沟通，应将其作为管理评审的内容，组织的食品安全小组应定期评价和评定顾客反馈，包括对食品安全的抱怨、内审的结果、验证活动分析的结果，从而为体系的动态更新提供输入内容，验证结果的评价可基于对最终产品样品的测试，因此，对法律法规来说，样品标准是非常重要的。5. 风险控制理论在食品安全管理体系中的体现。

第三节　食品安全检测

一、食品检验机构资质认定

2010 年 3 月 4 日，卫生部根据《中华人民共和国食品安全法》（2009 年版）的有关规定，颁布了《食品检验机构资质认定条件》，基本内容如下：

（一）关于组织机构

食品检验机构应当是依法设立（注册）或相对独立的检验机构，能够承担法律责任。

非独立法人食品检验机构应当由其法人机构的法定代表人或其授权人员负责并承担责任。

食品检验机构应当使用正式聘用的检验人员，检验人员只能在一个食品检验机构中执业。

食品检验机构不得聘用法律法规禁止从事食品检验工作的人员。

（二）关于检验能力

食品检验机构应当具备下列一项或多项检验能力：

1. 能对某类或多类食品相关食品安全标准所规定的检验项目进行检验，包括物理、化学与全部微生物项目，也包括对食品中添加剂与营养强化剂的检验。

2. 能对某类或多类食品添加剂相关食品安全标准所规定的检验项目进行检验，包括物理、化学与全部微生物项目。

3. 能对某类或多类食品相关产品的食品安全标准所规定的检验项目进行检验，包括物理、化学与全部微生物项目。

4. 能对食品中的污染物、农药残留、兽药残留通用类食品安全标准或相关规定要求的检验项目进行检验。

5. 能对食品安全事故致病因子进行鉴定。

6. 能为食品安全风险评估和行政认可进行食品安全性毒理学评价。

7. 能开展《中华人民共和国食品安全法》规定的其他检验活动。

（三）关于人员

食品检验机构应当具备与其所开展的检验活动相适应的检验人员和技术管理人员。

检验人员和技术管理人员应当熟悉《中华人民共和国食品安全法》及相关法律法规和有关食品安全标准、检验方法原理，掌握检验操作技能、标准操作程序、质量控制要求、实验室安全和防护知识、计量和数据处理知识等。

检验人员和技术管理人员应当接受《中华人民共和国食品安全法》及相关法律法规、质量管理和有关专业技术培训、考核，并持有培训考核合格证明。

从事动物实验的检验人员应当取得《动物实验从业人员岗位证书》，从事特殊检验项目（辐射、基因检测）的人员应当符合相关法律法规的规定要求。

从事食品检验活动的人员应当持证上岗。检验人员中具有中级以上（含中级）技术职称或同等能力人员的比例应当不少于 30%。

食品检验机构技术管理人员应从熟悉业务，具有相关专业的中级以上（含中级）技术职称或同等能力，从事食品检验相关工作 3 年以上的人员中选用。

（四）其他，如设施和环境、技术评审、监管管理、罚则等

2010 年 9 月 15 日，国家认监委发布了《食品检验机构资质认定评审法则》，自 2011 年 11 月 1 日起实施。该文件有总则、参考文件、术语和定义、管理要求、技术要求等详细规定。

二、食品安全检测（第三方）

《中华人民共和国食品安全法》（2015 年版）未对食品安全检测（第三方）作明确规定。

《中华人民共和国食品安全法》（2015 年版）提到国家食品安全风险监测制度、食源性疾病、对食品污染中的有害因素进行监测，还提到承担食品安全风险监测工作的技术机构应根据食品安全风险监测计划和监测方案开展监测工作，保证监测数据真实、准确，并按照食品安全风险监测计划和监测方案的要求报送监测数据和分析结果。

《中华人民共和国食品安全法》（2015 年版）对食品安全标准有详细规定，指出"食品安全标准是强制执行的标准，除食品安全标准外，不得制定其他食品强制性标准"。

在第二十六条明确规定食品安全标准应包括下列内容：

（一）食品、食品添加剂、食品相关产品中致病性微生物、农药残留、兽药残留、生物毒素、重金属等污染物质以及其他危害人体健康物质的限量规定；

（二）食品添加剂的品种、使用范围、用量；

（三）专供婴幼儿和其他特定人群的主辅食品的营养成分要求；

（四）对于卫生、营养等食品安全要求有关的标签、标志、说明书的要求；

（五）食品生产经营过程的卫生要求；

（六）与食品有关的质量要求；

（七）与食品安全有关的食品检验方法与流程；

（八）其他需要制定为食品安全标准的内容。

第十二章　安全食品及消费升级

第一节　安全食品的概念与种类

人们通常讲的安全食品是指无公害食品、绿色食品和有机食品。

一、无公害食品

无公害食品，也称无公害农产品，是指使用安全的农业投入，按照规定的技术规范生产，产地环境、产品质量符合国家强制性标准并使用特有标志的安全农产品。广义的无公害农产品包括有机农产品、自然食品、绿色食品、无污染食品等，这类产品在生产过程中允许限品种、限时间、限量地使用人工合成的安全的化学农药、兽药、肥料、饲料添加剂等，无公害农产品的定位是保障基本的安全，满足大众的消费，适合我国当前的农业生产发展水平和国内消费者的需求。

二、绿色食品

绿色食品是指遵循可持续发展的原则，按照特定的生产方式生产，经专门机构认定，许可使用绿色食品标志的无污染、安全、优质、营养类食品。我国的绿色食品分为 A 级和 AA 级两种，无污染、安全、优质、营养是绿色食品的特征。无污染是指在绿色食品生产、加工过程中，通过严密监测、控制，防范农药、放射性物质、重金属、有害细菌等对食品生产各个环节的污染，以确保绿色食品的洁净。

A 级绿色食品，是指在生态环境质量符合规定标准的产地，生产过程中允许限量使用限定的化学合成物质，按特定的操作规程生产加工，产品质量及包装符合绿色食品产品标准，经专门机构认定，许可使用 A 级绿色食品标志的产品。

AA级绿色食品,指在环境质量符合规定标准的产地,生产过程中不使用任何有害化学合成物质,如肥料、农药、兽药、饲料添加剂,食品质量符合特定绿色食品产品标准,经专门机构认定,许可使用AA级绿色食品标志的产品。AA级绿色食品标准已经达到甚至超过国际有机农业运动联盟对有机食品的基本要求。

三、有机食品

有机食品又称生物食品,国际有机农业运动联合会(IFOAM)给有机食品下的定义是:根据有机食品种植标准和生产加工技术规范而生产的,经过有机食品颁证组织认证并颁发证书的一切食品和农产品。国家环境保护局有机食品发展中心(OFDC)认证标准中对有机食品的定义是:来自有机农业生产体系,根据有机认证标准生产、加工并经独立的有机食品认证机构认证的农产品加工品等,包括粮食、蔬菜、水果、乳制品、畜禽产品、蜂蜜、水产品、调料等。

第二节 安全食品的监管

由于种种原因,我国无公害食品、绿色食品和有机食品的认证过程中人为的变化因素较大,所以,目前我国安全食品的监管水平整体偏低,有待进一步完善。

无公害、绿色和有机食品的生产首先受到地域性环境质量的制约,即只有在生态良好的农业生产区域才能生产出优质、安全的食品,因此,无公害、绿色和有机食品的生产基地应在无污染和生态条件良好的地区,远离工矿区和公路铁路干线,离开工业和城市污染的影响,产地空气、灌溉水质、渔业水质和土壤等的各项指标及浓度在规定标准限度内,农产品种植、禽畜饲养、水产养殖和食品加工等技术操作必须严格按照相应安全食品操作规程进行。从事无公害、绿色和有机食品生产的单位和个人,应严格按照规定使用农业投入品,禁止使用国家禁止和淘汰的肥料、农药、兽药、食品添加剂和其他有害环境和身体健康的物质,无公害、绿色和有机食品包装采用的容器、材料和辅助物都应符合相关安全食品的标准,不得带来二次污染,营养及风味损失少,包装成本高,可回收利用或降解。无公害、绿色和有机食品贮藏环境必须清洁卫生,不能产生二次污染,贮藏时必须与其他食品或者有毒有害物质分开。

第三节　消费升级新模式

改革开放已走过40年，其成就之一是国内消费对经济增长的推动作用持续增强，成为经济增长的第一驱动力。相关资料显示，国内消费对国内生产总值的贡献率在2017年达到58.8%，即40年来增长了20.5个百分点，成为国民经济增长的主要动力。

总体来看，我国的消费水平还应该大力增强，消费升级的新模式是从实物消费向服务消费过渡，培育中高端消费新增长点并扩大进口空间。

一、实物消费要不断提档升级

吃穿用消费。包括大力发展便利店、社区菜店等社区商业，合理配置居住小区的健身、文化、养老等服务设施。

住行消费。在人口净流入的大中城市加快培育和发展住房租赁市场，促进汽车消费优化升级，全面取消二手车限迁政策。

信息消费。重点发展适应消费升级的中高端移动通信终端、可穿戴设备、超高清视频终端、智慧家庭产品等新型信息产品。

绿色消费。丰富节能节水产品、资源再生产品、环境保护产品、绿色建材、新能源汽车等绿色消费品的生产。

二、推进服务消费，持续提质扩容

文化旅游体育消费。健全文化、互联网等领域分类开放制度体系等。

健康养老家政消费。大力发展中医药服务贸易等。

教育培训托幼消费。引导社会力量按照规范要求举办普惠性幼儿园和托幼机构，鼓励各地因地制宜多渠道增加供给，全面实施幼儿园教师持证上岗等。

三、引导消费新模式，加快孕育成长

积极培育网络消费、定制消费、体验消费、智能消费、时尚消费等消费新热点，鼓励与消费者体验、个性化设计、柔性制造等相关的产业加快发展。

四、推动农村居民消费梯次升级，逐步缩小城乡居民消费差距

2018 年 11 月 5 日，首届中国国际进口博览会在上海开幕，习近平主席在开幕式上发表主旨演讲，指出"中国主动扩大进口，不是权宜之计，而是面向世界、面向未来，促进共同发展的长远考量。中国将顺应国内消费升级的趋势，采取更加积极有效的政策措施，促进居民收入增加，消费能力增强，培育中高端消费新增长点，持续释放国内市场潜力，扩大进口空间。"①

---

① 引自《北京晚报》2018 年 11 月 5 日第二版《中国进一步扩大开发 5 大举措》。

第十三章　保健食品及其安全

第一节　保健食品的概念

保健食品是指具有调节人体生理功能，适宜特定人群（一般指亚健康状态）食用，又可以治疗疾病的一种食品。这类食品除了具有一般食品皆具备的营养功能和感官功能（色、香、味、形）外，还具备一般食品所没有或不强调的食品的第三种功能（下文将予以详述）。

保健食品是一类特殊食品，具有以下特征：

1. 保健食品首先是食品，必须具有食品的基本特征，即无毒无害、安全和卫生，且有相应的色、香、味等感官性状。

2. 保健食品不同于一般食品，它具有特定的保健功能，这里的"特定"是指保健功能必须是明确的、具体的，而且经过科学验证是肯定的、正能量的。同时，特定功能并不能取代人体正常的膳食摄入和对各类必需营养素的需求。

3. 保健食品通常是针对需要调整某方面机体功能的特定人群而设计的，不存在对所有人群（消费者）都有同样作用的所谓老少皆宜的保健食品。

4. 保健食品以调节机体功能为主要目的，而不是以治疗为目的，它不是药品，不能替代药物对病人疾病的治疗。

营养素补充剂必须符合下列要求：

1. 仅限于补充维生素和矿物质，维生素与矿物质的种类应当符合国家《维生素、矿物质种类和用量》的规定；

2. 《维生素、矿物质化合物名单》中的物品可以作为营养素补充剂的原料来源；从食物的可食部分提取的维生素和矿物质，不得含有达到作用剂量的其他生物活性物质；

3.辅料应当仅以满足产品工艺需要或改善产品色、香、味为目的，并且应当符合相应的国家标准；

4.适宜人群为成人的，其维生素、矿物质的每日推荐摄入量应当符合《维生素、矿物质种类和用量》的规定；适宜人群为孕妇、乳母以及十八岁以下人群的，其维生素、矿物质每日推荐摄入量应控制在我国该人群该种营养素推荐摄入量的 1/3 到 2/3 的水平。

5.产品每日推荐摄入的总量应当较小，其主要形式为片剂、胶囊、颗粒剂或口服液，颗粒剂每日食用量不超过 20%，口服液每日食用量不超过 10ml。

第二节　保健食品的功能及分类

一、保健食品的功能

有些学者将人体健康状态分为三种：健康态、病态和亚健康态。

亚健康态指健康的透支状态，即身体具有种种不适，表现为易疲劳，体力、适应力和应变力衰退，但又没发现器质性病变，但当机体的亚健康态积累到一定程度时，就会产生各种疾病。

保健品作用于人体的亚健康态，促使它向健康态转化，达到增进健康的目的，所以一般食品是为健康人所摄取，从中获取各种营养，并满足色、形、香、味等感官需求；药物为病人服用，以达到治疗疾病的目的；而保健食品为亚健康态的人群所喜爱，不仅满足他们对食品营养素和感官的需求，更为重要的是促进机体向健康态转化，增进他们的健康。

在保健食品中，真正起作用的是功效成分，也称活性成分、功能因子。

随着科学研究的不断深入，被确认的功效成分主要包括以下 11 种：

1.活性多糖，包括膳食纤维、抗肿瘤多糖和降血糖多糖；2.功能性甜味料，包括功能性单糖、功能性低聚糖、多元糖醇和强力甜味剂；3.功能性油脂，包括不饱和脂肪醇、油脂替代品、磷脂和胆固醇；4.自由基清除剂酶类清除剂与非酶类清除剂；5.维生素，包括维生素 A、维生素 E、维生素 C、维生素 D 等；6.微量活性元素，硒、铁、铜、锌等；7.肽和蛋白质，谷胱甘肽、降血压肽、促进钙吸收肽、易于消化肽和免疫球蛋白等；8.益生菌，乳酸菌、双歧杆菌等；

9.藻类，螺旋藻、腺孢藻等；10.中草药，类银杏、洋参、灵芝等；11.其他，二十八烷醇、植物甾醇等。

二、保健食品的分类

2003 年 5 月 1 日起，卫生部受理的保健食品保健功能分为 27 项，其中又分两大类型：

第一种类型：指有减轻某些疾病的症状，辅助药物治疗及降低疾病风险的功能。这一类功能性食品有可以"预防"某些疾病，或使其"症状"减轻，并有"辅助药物治疗"的功能，有 16 项，其中再分为两类：

1.对病因较复杂的常见病和生活方式性疾病有一定的保健作用，包括：

（1）辅助降血压功能；（2）辅助降血脂功能；（3）降血脂功能；（4）缓解视疲劳功能；（5）调节胃肠道菌群功能；（6）促进消化功能；（7）通便功能；（8）对胃黏膜损伤有辅助保护功能；（9）改善营养性造血功能；（10）改善睡眠功能；（11）清咽功能；（12）增加骨密度功能。

2.由外源性的有害因子（如电离辐射、缺氧及有害元素或化合物作用）而造成人体的损伤，对这类损伤，保健食品有一定的辅助保护作用，包括 4 项：（1）对辐射危害有辅助保护功能；（2）促进排铅功能；（3）提高缺氧耐受力功能；（4）对化学性肝损伤有辅助保护功能。

第二种类型：有增强体质、增进健康的保健功能性，此项功能性属于调节生理活动的，共有以下 11 项：

（1）抗氧化功能；（2）缓解体力疲劳功能；（3）增强免疫力功能；（4）减肥功能；（5）辅助改善记忆功能；（6）祛黄褐斑功能；（7）祛痤疮功能；（8）改善皮肤水分功能；（9）改善皮肤的油分功能；（10）促进泌乳功能；（11）促进生长发育功能。

第三节　中国保健食品的发展阶段及发展方向

一、中国保健食品的发展阶段

我国的保健食品起步较晚，是在 20 世纪 80 年代后，随着改革开放，我国人民生活水平有了很大提高，并解决了温饱问题之后发展起来的。大致可分为三个阶段，也可称之为三代产品。

1. 第一代保健食品

包括各类强化食品，仅根据食品中的营养成分或强化的营养素来推知该类食品的功能，而未经实践证明。它是最原始的保健食品，目前欧美各国都将此类食品归为一般食品。20世纪80年代末至90年代中期生产的这类食品，在《保健食品管理办法》实施后已不允许生产。

2. 第二代保健食品

是指经过动物和人体试验证明有一定生理调节功能性的食品，即欧美国家强调的具有科学性和真实性的食品。在我国《保健食品管理办法》实施后，第二代保健食品在市场上占绝大多数。

3. 第三代保健品

这是在第二代保健食品的基础上发展起来的，不仅需要经过人体和动物试验证明该产品具有某些生理调节功能，而且需要查清具有该项保健功能的功效成分，以及该成分的结构、含量、作用机理、在食品中的配比和稳定性等的食品。这种产品还不多，但是未来发展的方向。

二、中国保健食品的发展方向

中国人自古讲究"药食同源"。随着改革开放的深入，人们的生活水平不断提高，饮食也由"温饱型"向"保健养生型"转变。人们更注重追求食品的个性化和健身功能，从而为保健食品带来了无穷生机。我们应该适应形势，让保健食品向着天然、安全、有效的方向发展。

（一）利用现有资源开发和生产具有民族特色的保健食品

我国能种植世界上的绝大多数药材，而且天然野生的草药资源也很丰富，这些中草药是研制开发保健食品的重要原料，往往具有多种功能。在开发和生产保健食品时，可利用高新技术，挖掘中国传统食品和传统医药的有关食补、食疗的丰富经验，从这些中草药中选择配制，有针对性地设计出不同配方的具有我国特色的保健食品来。

（二）社会对保健食品基础原料的研究

日本、我国台湾地区等地十分重视功能性食品原料的基础研究和应用研究，因此，产品科技含量较高，质量稳定，产品的品质好，经济效益也高。如德国生产的银杏叶提取物与国内同类产品相比，国际市场价格高出近百倍，这就值得我们反思与学习。不仅要研究保健食品的功能作用，还要研究如何去除这些原料中的一些有害、有毒成分。对我国的保健食品原料，特别是一些具有中国特色的基础原料，如银杏、景天等，要加大研究力度，弄清其中所含的功能成分，最大限度地保留其活性，去掉毒性，提高它们在保健食品中的稳定性。

（三）注重对保健食品功能因子的研究，大力发展新一代保健食品

我国保健食品要走出国门与国际接轨，必须将发展新一代保健食品作为今后研究、开发的重点。根据发达国家的经验，首先应积极开展研究功能因子的构效和量数关系，从分子、细胞和器官水平上研究它们的作用机理和可能的毒性作用；其次要采用现代生物技术，从各种天然产物中去寻找这些因子，然后采用外加法生产新一代产品。

（四）注重建立保健食品指标评价体系

保健食品的发展趋势是天然、安全和有效，因此其评价检测指标首先是安全性，其次是有效性，要确保其安全无毒而且有功能性。今后，我们将建立更多、更新的指标评价体系来满足保健食品发展的需要。

第四节　保健食品安全管理

国际上对保健食品的管理和限制很严格，我国也制订了一系列关于保健食品原料管理的技术规章和标准。

中国的保健食品管理从 1996 年开始。1996 年卫生部颁发了《保健食品管理办法》，要求提供产品安全性毒理学评价，所遵循的标准是国家标准《食品安全性毒理学评价程序和方法》（GB15193.1—2003），随后卫生部又印发了《真菌类保健食品申报与审评规定（试行）》《益生菌类保健食品申报与审评规定（试行）》《核酸类保健食品申报与审评规定（试行）》《野生动植物类保健食品申报与审评规定（试行）》《氨基酸螯合物等保健食品申报与审评规定（试行）》《应用大孔吸附树脂分离纯化工艺生产的保健食品申报与审评规定（试行）》，限制使用野生动植物及其产品为原料，不再审批熊胆粉为原料的保健食品等一系列规定。

2002年，卫生部发布51号文件《关于进一步规范保健食品原料管理的通知》，这是非常重要的关于原料使用的技术规章。在这一文件中，公布了药食同源物品名单、可用于保健食品的物品名单、保健食品禁用物品名单，特别强调了申报保健食品中含有动植物（或原料）的，动植物物品（或原料）总个数不得超过14个。

2005年7月1日，国家食品与药品监督管理局颁布了新的《保健食品注册管理办法》（试行），与1996年的《保健食品管理办法》相比，有相当大的改动，充分体现了注册管理的公平、公正、公开、高效和便民的原则。从条款内容上看，新的规章在公民申请注册保健食品、样品抽检"复查"产品和检验机构、新功能开放变更方法、新原料的使用、制定产品5年有效期、法律责任等方面有比较大的更改，增加了原料和辅助、试验与检验、再注册、复审等内容，在保健食品安全性方面，更加科学、细致。

2016年2月26日，国家食药总局局长毕井泉以第22号令，公布了新的《保健食品注册与备案管理办法》（2016年版）。

一、关于总则

《总则》共八条，其主要内容有如下四条：

1.法律依据：《中华人民共和国食品安全法》，该法已于2015年10月生效。

2.保健食品的注册与备案及其监督管理应当遵循科学、公开、公正、便民、高效的原则。

3.强调保健食品注册申请人或者备案人应当对所提交材料的真实性、完整性、可溯源性负责，并对提交材料的真实性承担法律责任。

4.省级以上食品药品监督管理部门应当加强信息化建设，提高保健食品注册与备案管理信息化水平，逐步实现电子化注册与备案。

二、保健食品注册

保健食品部分共三十二条，是《保健食品注册与备案管理办法》（2016年版）的重点部分，占全部内容的48%，其主要规定如下：

1.生产和进口下列产品应当申请保健食品注册。

（1）使用保健食品原料目录以外原料（以下简称目录外原料）的保健食品；

（2）首次进口的保健食品（属于补充维生素、矿物质等营养物质的保健食品除外），这是指非同一国家、同一企业、同一配方申请中国境内上市销售的保健食品。

2. 国产保健食品注册申请人应当是在中国境内登记的法人或者其他组织；进口保健食品注册申请人应当是上市保健食品的境外生产厂商，即产品符合所在国（地区）上市要求的法人或者其他组织。

3. 申请保健食品注册，需提交第十二条规定的各项文件。审评机构应当组织审评专家进行审查，并根据实际需要组织查验机构开展现场检查，组织检验机构开展复核检验，在 60 个工作日内完成审评工作。首次进口的保健食品境外现场检查和复核检验时限，根据境外生产厂商实际情况确定。

4. 国家食品药品监督管理总局应当自受理之日起 20 个工作日内对审评程序和结论的合法性、规范性以及完整性进行审查，并作出准予注册或者不予注册的决定。

5. 保健食品注册人转让技术的，受让方应当在转让方的指导下重新提出产品注册申请，产品技术要求等应当与原申请材料一致。

6. 保健食品注册证书及其附件所载明内容变更的，应当由保健食品注册人申请变更并提交书面变更的理由和依据。

7. 已经生产销售的保健食品注册证书有效期届满需要延续的，保健食品注册人应当在有效期届满 6 个月前申请延续。

8. 申请变更国产（或进口）保健食品注册的，应提交相关材料，由食药部门审核是否批准。

三、注册证书管理

1. 保健食品注册证书应当载明产品名称、注册人名称和地址、注册号、颁发日期及有效期、保健功能、功效成分或者标志性成分及含量、产品规格、保质期、适宜人群、不适宜人群、注意事项。

2. 保健食品证书有效期为 5 年。

3. 国产保健食品注册号格式为：国食健注 G+4 位年代号 +4 位顺序号；进口保健食品注册号格式为：国食健注 J+4 位年代号 +4 位顺序号。

4. 保健食品注册有效期内，保健食品注册证书遗失或者损坏的，可依法申请补发。

四、备案

备案是指保健食品生产企业依照法定程序、条件和要求，将表明产品安全性、保健功能和质量可控性的材料提交食药部门进行存档、公开、备查的过程。

1.生产和进口保健食品应当依法备案，并提交相关材料。

2.已经备案的保健食品，需要变更备案材料的，备案人应当向原备案机关提交变更说明及相关证明文件。备案材料符合要求的，食药部门应当将变更情况登载于变更信息中，将备案材料存档备查。

五、标签、说明书

1.申请保健食品注册或者备案的，产品标签、说明书样稿应当包括产品名称、原料、辅料、功效成分或者标志性成分及含量、适宜人群、不适宜人群、保健功能、食用量及食用方法、规格、贮藏方法、保质期、注意事项等内容及相关制定依据和说明等。保健食品的标签、说明书主要内容不得涉及疾病预防、治疗功能，并声明"本品不能代替药物"。

2.保健食品的名称由商标名、通用名和属性名组成。不得含有下列内容：

（1）虚假、夸大或者绝对化的词语；（2）明示或者暗示预防、治疗功能的词语；（3）庸俗或者带有封建迷信色彩的词语；（4）人体组织器官等词语；（5）除""之外的符号；（6）其他误导消费者的词语。

六、监督管理

1.国家食品药品监督管理总局应当及时制定并公布保健食品注册申请服务指南和审查细则，方便注册申请人申报。

2.承担保健食品审评、核查、检验的机构和人员应当对出具的审评意见、核查报告、检验报告负责。应当依照有关法律、法规、规章的规定，恪守职业道德，按照食品安全标准、技术规范等对保健食品进行审评、核查和检验，保证相关工作科学、客观和公正。

3.参与保健食品注册与备案管理工作的单位和个人，应当保守在注册或者备案中获知的商业秘密。

4.国家食药总局有权依法撤销保健食品注册证书，或办理保健食品注册注销手续，或取消保健食品备案。

七、法律责任

1.保健食品注册与备案违法行为，《食品安全法》等法律法规已有规定的，依照其规定。

2.注册申请人隐瞒真实情况或者提供虚假材料申请注册的，国家食品药品监督管理总局不予受理或者不予注册，并给予警告；申请人在1年内不得再次申请注册该保健食品；构成犯罪的，依法追究刑事责任。

3.注册申请人以欺骗、贿赂等不正当手段取得保健食品注册证书的，由国家食品药品监督管理总局撤销保健食品注册证书，并处1万元以上3万元以下罚款。被许可人在3年内不得再次申请注册；构成犯罪的，依法追究刑事责任。

4.擅自转让保健食品注册证书的，伪造、涂改、倒卖、出租、出借保健食品注册证书的，由县级以上食药部门处以一万元以上三万元以下罚款；构成犯罪的，依法追究法律责任。

5.食品药品监督管理部门及其工作人员对不符合条件的申请人准予注册，或者超越法定职权准予注册的，依照《食品安全法》第一百四十四条的规定予以处理。对滥用职权、玩忽职守、徇私舞弊的，依照《食品安全法》第一百四十五条的规定予以处理。

第十四章　功能性食品及评定

第一节　功能性食品的概念及分类

一、功能性食品的概念

保健食品是被国家批复的，有健字号的产品，对人体有明显的保健作用。但是功能性食品是没有被明确批复的，在某些保健方面有一定的功能。

功能性食品适宜于特定人群。它们的功能一是增进健康，二是降低疾病风险。在世界范围内，不同国家和地区功能性食品有不同的定义和适宜范围。

功能性食品不是药品，这是因为：

1. 目的不同。在二者的概念部分已阐述过。

2. 有效成分不同。药品的有效成分是单一、已知的，功能性食品的有效成分是单一或复合未知物质。

3. 摄取决定。药品在医生那里有处方权，而功能性食品的摄取取决于消费者自身的决定。

4. 摄取时间。生病时才吃药，而功能性食品可随时或多次食用。

5. 摄取量。药品的摄取量由医生指导，后者较随意。

6. 毒性。药品几乎都有毒性，仅程度不同，而功能性食品一般无毒。

7. 与人们的关系。药品密切，而功能性食品不太密切。

8. 制品规格。药品制作严密，而功能性食品相对不太严密，仅有生产标准等。

二、功能性食品的分类

我国主要以对人体机能的调节作用来分类：

1. 按所选用原料的不同进行分类。如，宏观上可分为植物类、动物类和微生物（益生菌）类。

2. 按功能性因子种类的不同分类。如，多糖类、功能性甜味料类、功能性脂类、自由基清除剂类、维生素类、肽与蛋白质类、益生菌类、微量元素类及其他类。

3. 按保健作用的不同分类。2003年，我国卫生部相关文件规定，受理的保健功能性为27项，分为三大类：一种是为减轻某些疾病的症状，辅助药物治疗及降低疾病风险有关的保健功能性（大概有16项）；第二种是为增强体质和增进健康有关的保健功能，这类有11项，均属于调节生理活动范畴。

下面将27项功能分列如下：

（1）辅助降低血压功能；（2）辅助降低血糖功能；（3）辅助降低血脂功能；（4）缓解视疲劳功能；（5）调节胃肠道菌群功能；（6）促进消化功能；（7）通便功能；（8）对胃黏膜损伤有辅助保护功能；（9）改善营养性贫血功能；（10）改善睡眠功能；（11）清咽功能；（12）增加骨密度功能；（13）对辐射危害有辅助保护功能；（14）促进排铅功能；（15）提高缺氧耐受力功能；（16）对化学性肝损伤有辅助保护功能；（17）抗氧化功能；（18）增强免疫力功能；（19）缓解体力疲劳功能；（20）减肥功能；（21）辅助改善记忆功能；（22）祛黄褐斑功能；（23）祛痤疮功能；（24）改善皮肤水分功能；（25）改善皮肤油分功能；（26）促进泌乳功能；（27）促进生长发育功能。

第二节　功能因子

一、功能因子的概念

功能因子，或称活性成分、功能性成分，指功能性食品中真正起生理作用的成分。富含这些成分的配料称为功能性食品基料，或活性配料、活性物质。显然功效成分是功能性食品的关键。

二、功能因子的种类

已确认的功能因子主要包括：功能性碳水化合物、脂类、氨基酸等。

（一）氨基酸

专家认为，成年人需要8种氨基酸，分别为：赖氨酸，色氨酸，苯丙氨酸，蛋氨酸，组氨酸，缬氨酸，异亮氨酸，亮氨酸。

对婴儿来说，组氨酸也是必需的氨基酸。专家研究认为，组氨酸也是成年人所必需的。

未必需氨基酸又称条件必需氨基酸，指某些氨基酸在人体内能够合成，但在严重的应激或疾病条件下，容易缺乏，进而导致疾病或影响疾病的康复。未必需氨基酸包括：牛磺酸，精氨酸，谷氨酰胺，酪氨酸，胱氨酸。

（二）活性肽

生物活性肽是指对生物机体的生命活动有益或是具有生理作用的肽类化合物，又称功能肽。

活性肽的来源可分为乳肽、大豆低聚肽、小麦肽、玉米肽、豌豆肽、卵白肽、畜产肽、胶原肽和复合肽等。

按活性肽的生理功能可分为易消化吸收肽、抑制胆固醇肽、促进生长发育肽、类鸦片活性肽、抗菌肽和改善肠胃功能肽等。

（三）活性蛋白质

活性蛋白质是指除具有一般蛋白质的营养作用外，还具有某些特殊生理功能的一类蛋白质，包括乳铁蛋白、金属硫蛋白、免疫球蛋白、超氧化物歧化酶等。

（四）功能性碳水化合物

碳水化合物是粮谷类、薯类、某些豆类及蔬菜水果的主要组成成分，是人类主要的供能物质，有多种重要的生理功能。

功能性碳水化合物是指一些对人体有特定保健功能作用的碳水化合物，如膳食纤维、活性多糖和功能性甜味剂。

（五）功能性脂类

功能性脂类是指对人体有一定保健功能、药用功能以及有益健康的一类油脂类物质，是指那些属于人类膳食油脂，以及为人类营养、健康所需要的，并对人体健康有促进作用的一大类脂溶性物质，其中既包括主要的油脂类物质甘油三酯，也包括油溶性的其他营养素和维生素E、磷脂、甾醇等，还包括低能量脂肪代替品。它们对现代社会的"富贵病"如高血压、高血脂、高血糖、心脑血管疾病和癌症有良好的防治作用。

（六）其他类功能因子

1. 自由基去除剂

一般认为，人的衰老来自机体正常代谢过程中产生的自由基及其破坏性的结果。从化学结构看自由基是具有不成对电子的原子或基团。人体内的自由基主要是含氧自由基，包括 O2、OH、ROO 和 NO 等，正常情况下，人体内的自由基处在不断产生与清除的动态平衡中。

2.微量元素，像硒、铬等。

3.其他功能因子，如生物类黄酮等。

第三节　功能性食品常用生产技术与评价

一、功能性食品常用生产技术

功能性食品常用生产技术有原料粉碎、压榨与浸出技术，萃取与膜过滤技术，层析分离技术微胶囊技术等。

（一）原料粉碎、压榨与浸出技术

粉碎是用机械力的方法，固体物料的内紧力使之破碎达到一定粒度的过程。

压榨技术是借助机械外力的作用，将油脂直接从油料中分离出来的过程。

浸出是指在混合物料中加入溶剂，使其中一种或几种成分溶出，从而使混合物料得到完全或大部分分离的过程。

（二）萃取与膜过滤技术

萃取技术既是一个重要的提取方法，又是一个从混合物中初步分离纯化的重要的常用方法。这是因为溶剂萃取具有速度快、操作时间短、便于连贯操作、容易实现自动化控制、分离纯化效率高等优点。常用的萃取技术有：液溶剂萃取、微波萃取和超临界流体萃取等。

所谓膜分离法，指用天然或人工合成的高分子薄膜，以扩散或外界能量或化学位差为推动力，对大小不同、形状不同的双成分或多成分的溶质和溶剂进行分离、分解、提纯和浓缩的方法。

（三）层析分离技术

层析分离又称色层分析法或色谱法。它主要应用于分析化学和实验室制备技术中，它最大的特点是分离效率高。它能分离各种性质极其类似的物质，而且它既可以用于少量物质的分析鉴定，又可用于大量物质分离纯化制备，因此，层析法在科学研究与工业生产中都发挥着十分重要的作用。

（四）微胶囊技术

这是一种世界上发展迅速、用途广泛而又比较成熟的高新技术，指利用天然的或者是合成的高分子包囊材料（壁材），将固体、液体甚至是气体的微小囊核物质（心材）包覆形成直径在 1～5.000um 的一种半透性或密封囊膜的微型胶囊技术。

二、功能性食品的评价

功能性评价是指对功能性食品所称的生理功效进行动物或人体试验，并对结果加以评价确认。该结果应该明确肯定，并经得起科学方法的验证，同时还应具有重现性。

功能性食品的安全性评价包括食品毒理性评价和危险性评估两方面。毒理性评价，一般包括以下几个阶段：

1. 急性毒性试验。

2. 遗传毒性试验、30 天喂养试验和传统致畸试验。30 天喂养试验即短期喂养试验。

3. 亚慢性毒性试验、繁殖试验和代谢试验；

4. 慢性毒性试验和致癌试验。

一般认为，以普通食品和卫生部规定的药食同源物质以及允许用作保健品的物质以外的动植物或动植物提取物、微生物、化学合成物等为原料生产的保健食品，应对该原料和用该原料生产的保健品分别进行安全性评价。国内外均无使用历史的原料或成分作为保健食品原料时，对该原料或成分进行毒性试验。

应该指出，安全性评价的依据不仅是科学试验的结果，也与当时的科学水平、技术条件以及社会文化等因素有关，因此，随着时间的推移，很可能结论也会不同，必要时应重新进行评价。

第十五章　生态食品及其安全

第一节　生态食品的概念

一、安全食品

人们通常讲的安全食品是指无公害食品、绿色食品和有机食品。

（一）无公害食品

无公害食品，也称无公害农产品，是指使用安全的农业投入品，按照规定的技术规范生产，产地环境、产品质量符合国家强制性标准并使用特有标志的安全农产品。广义的无公害农产品包括有机农产品、自然食品、绿色食品、无污染食品等，这类产品在生产过程中允许限品种、限时间、限量地使用人工合成的安全的化学农药、兽药、肥料、饲料添加剂等，无公害农产品的定位是保障基本的安全，满足大众的消费需求，适合我国当前的农业生产发展水平和国内消费者的需求。

（二）绿色食品

绿色食品是指遵循可持续发展的原则，按照特定的生产方式生产，经专门机构认定，许可使用绿色食品标志的无污染、安全、优质、营养类食品。我国的绿色食品分为 A 级和 AA 级两种，无污染、安全、优质、营养是绿色食品的特征。无污染是指在绿色食品生产、加工过程中，通过严密监测、控制，防范农药、放射性物质、重金属、有害细菌等对食品生产各个环节的污染，以确保绿色食品的洁净。

A 级绿色食品，是指在生态环境质量符合规定标准的产地、生产过程中允许限量使用限定的化学合成物质，按特定的操作规程生产加工，产品质量及包装符合绿色食品产品标准，经专门机构认定，许可使用 A 级绿色食品标志的产品。

AA 级绿色食品,指在环境质量符合规定标准的产地,生产过程中不使用任何有害化学合成物质,如肥料、农药、兽药、饲料添加剂,食品质量符合特定绿色食品产品标准,经专门机构认定,许可使用 AA 级绿色食品标志的产品。AA 级绿色食品标准已经达到甚至超过国际有机农业运动联盟的有机食品的基本要求。

（三）有机食品

有机食品,又称生物食品,国际有机农业运动联合会（IFOAM）给有机食品下的定义是:根据有机食品种植标准和生产加工技术规范而生产的,经过有机食品颁证组织认证并颁发证书的一切食品和农产品。国家环境保护局有机食品发展中心（OFDC）认证标准中对有机食品的定义是:来自有机农业生产体系,根据有机认证标准生产、加工并经独立的有机食品认证机构认证的农产品加工品等,包括粮食、蔬菜、水果、乳制品、畜禽产品、蜂蜜、水产品、调料等,有机食品标志见图 15-1。

中国有机产品认证标志　　　　　中国有机转换产品认证标志

图 15-1　有机食品认证标志

（四）无公害食品、绿色食品和有机食品的关系

无公害食品、绿色食品和有机食品都是安全食品。安全是这三类食品突出的特点,在种植、收获、加工、贮藏及运输过程中,都采用了无污染的工艺技术,实现了从土地到餐桌的全过程质量控制,保证了食品的安全性。当代农产品生产需要由普通农产品发展到无公害农产品,再发展至绿色食品或有机食品。从本质上讲,绿色食品是从普通食品向有机食品发展的一种过渡性产品,处在无公害食品和有机食品之间。无公害食品是绿色食品发展的初级阶段,有机食品是质量更高的绿色食品。但是,它们之间又有着以下区别:

1. 认证机构和标准不同

有机食品在不同国家、不同的认证机构，其认证标准也不相同。目前我国有机食品综合认证的权威机构为环境保护部有机食品发展中心，由该中心制定有机产品的认证标准。另外，中国农业科学院茶叶研究所是目前国内茶叶行业最具权威性的认证机构，国外有机食品认证机构也会承担部分我国有机食品的认证工作，如德国的 BCS 有机食品认证机构。绿色食品由中国绿色食品发展中心组织认证，统一制定标准。无公害食品的认证机构较多，目前有许多省、市、自治区的农业主管部门都进行了无公害食品的认证工作。

2. 标志不同

有机食品标志在不同国家和不同认证机构是不同的。在我国，环境保护部有机食品发展中心注册了有机食品标志，中国农业科学院茶叶研究所注册了有机茶标志。截止 2001 年，国际有机农业运动联合会（IFOAM）成员拥有了 380 多个有机食品标志。

绿色食品的标志在我国是统一的和唯一的，由中国绿色食品发展中心注册，使用期为 3 年。

我国山东、湖南、黑龙江、天津、广东、江苏、湖北等地先后制定了各自的无公害农产品标志。

3. 级别不同

有机食品无级别之分。有机食品要求定地块、定产量生产，在生产过程中不允许使用任何人工合成的化学物质，而且需要一定的转换期，转换期生产的产品为有机转换产品。

绿色食品分为 A 级和 AA 级两个级别。A 级绿色食品要求产地环境质量评价项目的综合污染指数不超过 1，在生产加工过程中，允许限量、限品种、限时间地使用安全的人工合成农药、兽药、渔药、肥料、饲料及食品添加剂。AA 级绿色食品要求产地环境质量评价项目的单项污染指数不得超过 1，生产过程中不得使用任何人工合成的化学物质，且产品需要 3 年的过渡期。

无公害食品不分级，在生产过程中允许限品种、限数量、限时间地使用安全的人工合成化学物质。

4. 认证方法不同

在我国，有机食品和 AA 级绿色食品的认证实行检查员制度，以实地检查认证为主，检测认证为辅。有机食品的认证重点是农事操作的真实记录、生产资料购买及应用记录等。

二、生态食品是新时代的产物和必然要求

当今时代是民族复兴的时代，是实现"两个一百年"及中国梦的时代，是习近平具有中国特色社会主义建设新时代，也是讲生态讲环保，讲生态文明的时代。习近平总书记指出："党的十八大精神，说一千道一万，归结为一点，就是坚持和发展中国特色社会主义。"坚持和发展中国特色社会主义，是实现中华民族复兴的必由之路。在党的十九大报告中，习近平总书记提出，中国特色社会主义进入新时代，我国社会主要矛盾已经转化为人民日益增长的美好生活需求和不平衡不充分的发展之间的矛盾。

新矛盾提出新要求，新时代开启新使命。诚如有的党代表所述："以前我们要解决的是有没有的问题，现在则是要解决好不好的问题。"2017 年 7 月 26 日，习近平总书记在省部级主要领导干部专题研讨班上发表重要讲话，强调人民群众希望有更好的教育、更稳定的工作、更满意的收入、更可靠的社会保障、更高水平的医疗卫生服务、更舒适的居住条件、更优美的环境、更丰富的精神文化生活。这"八个更"紧密呼应了"人民日益增长的美好生活需求"，也是党中央对建设美好生活所作出的郑重承诺。

党的十九大报告提出"本世纪中叶建成富强民主文明和谐美丽的社会主义现代化强国"目标，中国的现代化是人与自然和谐共生的现代化，既要创造满足人类美好生活需要的物质和精神财富，又要提供更多优质生态产品（包括生态食品）以满足人民日益增长的优美生态环境需要。

三、生态食品的概念

生态食品，简言之，它是安全食品，且是符合生态环保的食品。

具体来说，它必须符合三个基本条件：

1.食品是安全的，是人们所认为的"有机"食品。关于无公害、绿色、有机食品的概念及三者的关系，我们在前面已经作了介绍。

2.从食品的产地、生产过程、运输到包装直至餐桌等每个环节，必须符合生态环保相关法律法规及各项相关制度的规定。

生态食品当然应该是安全食品，是无公害的、绿色的和有机的，但又是它们的升级版，因为绿色的、有机的食品，有时不环保，不能为时代所接受，如

有的地区（沙漠）用地下 300 米深的水来灌溉，生产有机小米；有的用这些生态的（首先为人生存服务）水来养牛、羊，生产沙漠奶。这些食品难道会因"有机"而为人们接受吗？难道不应提倡生态食品吗？

最近，报纸上报道外卖遇到了发展瓶颈——环保问题。外卖业主已注意到要少盐、少油的问题，但餐具带来的环境污染问题无法马上解决。有人统计，在中国，10 个人中有三四个人经常光顾外卖，在餐饮行业中，外卖比例高达63.3%，每周最少有 4 亿份外卖飞驰在中国的大街小巷，外卖都用塑料袋来包装，每一个塑料袋的降解至少需要 470 年，当然还有使用一次性筷子、餐具等问题。外卖业主们正在寻求解决办法。虽然统计的数字不一定准确，方法也未必科学，结论也不一定权威，但这事本身对我们有足够的警示。

3. 业主必须有社会责任感，而且是诚信的。众所周知，任何一个社会都存在多种多样的价值观念和价值取向，要把全社会的意志和力量凝聚起来，必须有一套与经济基础和政治制度相适应以能形成广泛社会共识的核心价值观。

党的十八大提出要倡导"富强、民主、文明、和谐、自由、平等、公正、法治、爱国、敬业、诚实、友善"为内容的社会主义核心价值观。要突出道德价值的作用，国无防不兴，人无德不立。要持续深化社会主义思想道德建设，继承和弘扬我国人民在长期实践中培育和形成的传统美德，加强社会公德、职业道德、家庭美德、个人品德建设，激发人民形成善良的道德意愿、道德情感，培育正确的道德判断和道德责任，提高道德实践能力尤其是自觉践行能力。新的《食品安全法》实行以来，食品安全总的形势是好的，但食品安全事件，在有的地区暗流涌动，值得警惕。如，有的食品行业生产者、销售者不讲"诚信"，甚至"造假"、造谣，名目繁多，令人坦忧。

2014 年 12 月，吉林大学出版社出版了一本由清华大学经管学院研究生陈洪榕、陈巧玲主编的《中国食品安全档案》（以下简称《档案》）。《档案》中列举了食品界触目惊心的"造假"事件，有"镉米杀机"和"纸水浇田"；有污水海鲜、污水鱼以及保鲜防腐肮脏八法；有化学染色登场、工业盐风波；有病死猪、病死鸡、病死牛和猖狂的地沟油；有奇异的调味品世界、有毒火锅；有滥用农药、食品添加剂及各种山寨食品；还有使用有毒的食品用具或包装……《档案》一书虽然标题中有"安全"二字，但说的都是些不安全的事。书中分门别类，细说原委，让人在触目惊心、不寒而栗之余，更觉有掩卷沉思、拍案而起，并进行道德拷问之必要。

第二节　生态食品的判断标准

一、生态食品来自生态农业生产体系或天然野生的产品。

二、生态食品在生产和加工过程中必须严格遵循生态食品生产、采集、加工、包装、贮藏、运输标准，禁止使用化学合成的农药、化肥、激素、抗生素、食品添加剂等，禁止使用基因工程技术及该技术的产物及其衍生物。

三、生态食品生产和加工过程中必须建立严格的质量管理体系、生产过程控制体系和追踪体系，因此一般需要有转换期。

四、生态食品必须通过合法的食品认证机构的认证。中国暂时仅有无公害食品和绿色食品、有机食品等认证，而无生态食品认证和标准。

第三节　生态食品的安全生产条件

一、原生态环境生产食品。这个条件需要在未经化肥、农业等污染的原生态环境生产食品，并保持产量适度，不能对环境造成破坏。环境的生态能够自行循环才能保证产品的原生态，符合生态食品的要求。

二、模拟生态环境生产的食品。需要模拟基肥、饲料和种养环境等。其中基肥发酵和饲料发酵需要完全达到最优生态环境下、原生物最佳生产状态下的微生物条件，并在环境上考虑原生态食品存在的微生物条件以进行模拟，方能达到生产生态食品的条件，并保证可循环性，这样生产的食品方能叫作生态食品。

三、在从原生态环境取得，并可以源源不断输送原生态物质的中药残渣等条件下生产的生态食品。

四、生态食品也需要满足无污染、无添加剂、无防腐剂等无害无污染的包装流转等条件。

第十六章　食品添加剂与食品安全

第一节　食品添加剂的定义、分类与作用

一、食品添加剂的定义

食品添加剂这一名词始于工业革命。

据文献记载，我国周朝已使用肉桂增香。在25—220年的东汉时期就有凝固剂盐卤制豆腐的应用，并一直流传至今。从南宋开始，就有"一矾二碱三盐"的炸油条的配方记载。6世纪，北魏末年农学家贾思勰所著《齐民要术》中就记载了从植物中提取天然素予以应用的方法，作为肉制品防腐。护色用的亚硝酸盐，大约在800年前的南宋时就用于腊肉生产，并于13世纪传入欧洲。在国外，公元前1500年，埃及墓碑上就描绘有糖果的着色，葡萄酒也已在公元4世纪进行了人工着色。那么，食品添加剂的定义是什么？由于世界各国对食品添加剂的理解不同，因此答案内容也不尽相同。

联合国粮食及农业组织（FAO）和世界卫生组织（WHO）下设的国际食品法典委员会（CAC）对食品添加剂的解释是："食品添加剂不以食用为目的，也不作为食品的主要原料，并不一定有营养价值，而是为了在食品的制造、加工、准备、处理、包装、贮藏和运输时，因工艺技术方面（包括感官方面）的需要，直接或间接加入食品中以达到预期目的。其微生物可成为食品的一部分，也可对食品的特性产生影响。食品添加剂不包括（污染物质）。"也不包括为保质或改进食品有营养价值而加入的物质。

欧洲共同体（EEC）规定，食品添加剂是指在食品的生产、加工、制备、处理、包装、运输或存储过程中，由于技术性目的而人为添加到食品中的任何物质，而这些添加物质通常并不作为食品来消费，而且也不作为食品的特征成分来使

用，无论是否具有营养价值，这些添加剂物质本身或其附产物直接或间接地成为食品的组成部分。欧盟的食品添加剂一般不包括加工助剂、香料物质和作为营养素加入到食品中的物质等。

美国食品药物管理局（FDA）规定，食品添加剂是由于生产、加工、储存或包装而存在于食品中的物质或物质的混合物，而不是食品的成分。美国把食品添加剂分为直接食品添加剂、次直接食品添加剂、间接食品添加剂。有的专家认为，食品添加剂应具有下列四种或至少一种效用：1. 维持和改善营养价值；2. 保证新鲜度；3. 有助于加工和制备；4. 使食品更具有吸引力。

日本《食品卫生法》规定，食品添加剂是指在食品制造过程，即食品加工中为了保存的目的加入食品，使之混合、浸润及其他目的所使用的物质。

在我国，现行《食品安全法》规定的食品添加剂，是指为改善食品品质和色、香、味以及为防腐、保鲜和加工工艺的需要而加入食品中的人工合成或者天然物质。《食品安全法国家标准食品添加剂使用标准》（GB2760-2014）中的术语和定义是：食品添加剂为改善食品品质和色、香、味，以及为防腐、保鲜和加工工艺的需要而加入食品中的化学合成或者天然物质，营养强化剂、食品用香料、胶基糖果中基础剂物质、食品加工业用的添加剂也包括在内。

二、食品添加剂的分类

食品添加剂有多种分类方法：

（一）按照食品添加剂的来源分类，可分为天然食品添加剂和化学合成食品添加剂。

前者指利用动植物或微生物的代谢产物以及矿物等为原料，经提取所获得的天然物质。后者指利用化学反应得到的物质，其中又可分为一般化学合成物与人工合成天然等同物，如目前使用的 β-胡萝卜素就是通过化学方法得到的天然等物质。

（二）按食品添加剂的功能划分。

如美国在《联邦食品、药品与化妆品法案》中将食品添加剂分成以下 32 类：1. 抗结剂和自由混合剂；2. 抗微生物剂；3. 抗氧化剂；4. 着色剂和护色剂；5. 熏制和腌制剂；6. 面团增强剂；7. 干燥剂；8. 乳化剂和乳化盐；9. 酶类；10. 固化剂；11. 风味增强剂；12. 香料及辅料；13. 面粉处理剂；14. 配方助剂；15. 熏蒸剂；16. 保湿剂；17. 膨松剂；18. 润滑和脱模剂；19. 非营养性甜味剂；

20. 营养增补剂；21. 营养性甜味剂；22. 氧化和还原剂；23. PH 调节剂；24. 加工助剂；25. 推进剂、充气剂和气体；26. 螯合剂；27. 溶剂和载体；28. 稳定剂和增稠剂；29. 表面活性剂；30. 表面光亮剂；31. 增效剂；32. 组织改良剂。

日本《食品卫生法》中，将食品添加剂分为 26 类，依次为：1. 抗结剂；2. 消泡剂；3. 防腐剂（抗霉剂）；4. 漂白剂；5. 胶姆糖基础剂；6. 豆腐凝固剂；7. 被膜剂；8. 着色剂；9. 护色剂；10. 保色剂；11. 营养补充剂；12. 乳化剂；13. 发酵助剂；14. 香料；15. 面粉处理剂；16. 保水剂、乳化剂和稳定剂；17. 杀虫剂；18. 抗粘剂；19. 口香糖增塑剂；20. 品质改良剂；21. 品质保持剂；22. 膨松剂（发酵粉）；23. 消毒剂；24. 甜味剂；25. 增稠剂（稳定剂和凝胶剂）；26. 酵母养料。

我国《食品安全国家标准——食品添加剂使用标准》（GB2760-2014）中根据食品添加剂的主要功能类别，将食品添加剂分为 23 类，分别是：酸度调节剂、抗结剂、消泡剂、抗氧化剂、漂白剂、膨松剂、着色剂、护色剂、乳化剂、酶制剂、增味剂、面粉处理剂、被膜剂、水分保持剂、营养强化剂、防腐剂、稳定和凝固剂、甜味剂、增稠剂、香料、胶姆糖基础剂、咸味剂和其他。每类添加剂中所包含的种类不同，少则几种（如护色剂只有 5 种），多则达千种（如食品用香料 1853 种，其中包括允许使用的食品天然香料 400 种，食品用合成香料 1453 种）。

（三）按食品添加剂的安全性评价分类。

食品添加剂还可按其安全性评价来划分。食品添加剂法典委员会（CCFA）在食品添加剂联合专家委员会（JECFA）讨论的基础上，将其分为 A、B、C 三类，每类又分为两种。

三、食品添加剂在食品工业中的作用

随着社会的进步，人们的生活节奏加快，对食品的方便化、多样化及营养安全性的要求越来越高，食品工业必须提供更多更好的食品来满足人们日益增长的需要。科学合理地使用食品添加剂对食品工业的发展有重要的作用。

（一）可防止食品败坏变质，提高食品的稳定性、耐藏性及安全性。

一般食品是以采收之后的谷物、果蔬及屠宰后的畜禽等营养丰富的原料加工而成的，而生鲜食物原料若在采收或屠宰后不能及时加工、加工不当或保存不慎，就会造成败坏变质，给食品工业带来很大损失。而食品防腐剂可以防止

由微生物引起的食品败坏变质，延长食品的保质期，防止由微生物污染引起的食物中毒；食品抗氧化剂可以阻止或推迟食品的氧化变质，防止食品的酶促褐变，抑制油脂的自动氧化反应及油脂氧化过程中有害物质的形成，以提高食品的稳定性、耐藏性及安全性。

（二）提高和改善食品的感官性状。

人们一般对食品质量的判断和衡量标准是食品的色、香、味及口感。食品在储运、加工过程中或产品保存过程中经常会出现褪色、变色、风味和质量等变化，或者口感不能满足消费者的需求，因此在食品加工过程中，适当地使用食品着色剂、食品护色剂、食品漂白剂、食品用香料、食品乳化剂、食品增稠剂、食品水分保质剂等食品添加剂，可明显改善和提高食品的感官品质和商品价值，而感官品质良好的食品会刺激人的食欲，也就提高了人对食品营养的可消化利用率，间接地提高了食品的营养价值。

（三）保质或提高食品的营养价值。

从本质上讲，食品是一种维持人的生命活动，维持人体生长发育，调节人体基本生理功能的富含营养的物质。由于单一的食品营养素不均衡，以及在食品加工、储运过程中，往往会造成一些营养损失，所以使用食品添加剂对保持食品的营养价值，促进营养平衡，提高人们的健康水平有重要意义。此外，在食品加工中，我们还可以使用一些食品酶制剂，通过对食品原料成分的改善来提高食品的可消化利用率，提高食品的营养价值。

（四）增加食品的品种和方便性。

随着社会进步、人们消费水平的提高和人们生活节奏的加快，食品的品种和方便性在大幅度增加。在方便食品与即食食品中，食品添加剂不仅在防腐、抗氧化、乳化、增稠、着色、增香、调味等方面发挥着作用，而且在其速煮、速溶等提高食用的方便性方面也发挥着重要作用。

（五）有利于食品的加工处理，适应生产的机械化、自动化。

（六）有利于满足不同人群的特殊营养需要。

在针对不同阶段、不同职业岗位，一些常见病和多发病等特定人群食用的保健食品的开发中，很多时候需要借助或依靠食品添加剂，如糖尿病人不能吃蔗糖，则可用低热的甜菊糖苷等生产无糖的甜味食品，满足糖尿病人的需求；为了防止龋齿，利用木糖醇来代替糖类物质生产口香糖等。食品营养强化则可以在现代营养科学的指导下，根据不同地区、不同人群的营养缺乏情况和营养需要，以及为弥补食品在正常加工、储存时造成的营养素损失，在食品中科学地选择性地加入一些微量营养素和其他营养物质，以增加人群对某些营养素的摄入量，从而达到纠正或预防人群微量营养素缺乏的目的，如：对缺碘人群供给碘强化食盐；将钙、铁、维生素等营养强化剂添加入食品中，可适合不同人群如老年人、婴幼儿的保健需要。

另据某些研究资料显示，目前自然界中的可食性植物有 8 万多种，仅我国的蔬菜品种就有 17000 种[①]，还有大量的动物、矿物等，要对这些资源开发利用，就必须使用食品添加剂以开发新型的色、香、味俱佳的食品，以满足人类发展的需要。

第二节　食品添加剂的发展历史与现状

一、食品添加剂的发展历史

19 世纪工业革命以来，食品工业向工业化、机械化和规模化方向发展，人们对食品的种类和质量有了更高的要求，科学技术的发展及化学工业特别是合成化学工业的发展，促进了人们对食品添加剂的认识，使食品添加剂进入一个新的快速发展阶段，使许多人工的化学品如着色剂、防腐剂、抗氧化剂等广泛用于食品加工。

也正是由于人工化学合成的食品添加剂在食品中的大量应用，有的甚至滥用，人们很快意识到它可能会给人类健康带来危害，再加上毒理学和化学分析技术的发展，到了 20 世纪初，相继发现不少食品添加剂对人体有害的例证，随后还发现有的甚至可使动物致癌。20 世纪五六十年代，人们发现某些食品合成素等具有致癌、致畸作用。某些国家和地区出现"食品安全化运动"和"消费者运动"，提出禁止使用食品添加剂、恢复天然食品和使用天然食品添加剂的要求。与此同时，一些国家加强了对食品添加剂的管理，国际上则于 1955 年和 1962 年先后组织成立食品添加剂联合专家委员会（JECFA）和国际食品添加剂法典委员会（CCFA，1988 年改名为食品添加剂和污染物法典委员

---

① 　数据来源于孙宝国主编的《食品添加剂》，化学工业出版社，2013 年版。

会，CCFAC），集中研究食品添加剂的有关问题，特别是食品添加剂的安全问题，并向有关国家和组织提出推荐意见，从而使食品添加剂逐步走向健康发展的轨道。

二、食品添加剂在我国的现状

我国食品添加剂工业起步较晚，对食品添加剂的系统研究和管理起步也较晚。

新中国成立后不久，我们对食品添加剂开始采取了管理措施。1953年，卫生部颁布了《清凉冷饮食物管理暂行办法》，规定清凉饮料的制造不得使用有危害的色素与香料，一般不得使用防腐剂，必要时使用苯甲酸钠，用量不得超过1克/千克。

1954年，颁布了《关于食物中使用糖精含量的规定》，糖精在清凉饮料、面包、饼干、蛋糕中最大允许使用量为0.15克/千克。

1957年，发布了《关于酱油中使用的防腐剂问题》的通知。

1960年，颁布了《食用合成染料管理暂行办法》。

1967年，由化工部、卫生部、商业部、轻工业部联合颁布了《关于试行八种食品用化工产品（醋酸、苯甲酸、苯甲酸钠、无水碳酸钠、碳酸氢钠、盐酸及糖精钠）标准及检验方法的联合通知》。

1973年，成立"全国食品添加剂卫生标准科研协作组"，开始全面研究食品添加剂的有关问题。

1977年，国家颁布《食品添加剂使用卫生标准》（试行）及《食品添加剂卫生管理办法》，开始对食品添加剂进行全面管理。

1980年，组织成立"全国食品添加剂标准化技术委员会"，先后颁布了一系列规范性文件。

1981年，国家颁布了《食品添加剂使用卫生标准》（GB2760-1981），以后分别于1986年、1996年、2007年经修订由卫生部颁布了新的卫生标准（GB2760-1986，GB2760-1996，GB2760-2007）。

1986年，国家颁布了《食品营养强化剂使用卫生标准》（试行），1994年颁布了《食品营养强化剂使用卫生标准》（GB 14880-1994），1995年颁布了《中华人民共和国食品卫生法》。

2011年，卫生部颁布了《食品安全国家标准食品添加剂使用标准》

（GB2760–2011），2012 年卫生部颁布了《食品营养强化剂使用标准》（GB 14880–2012）。

第三节　食品添加剂的发展趋势与新技术应用

一、重视开发天然功能性的食品添加剂

近年来，我国这类功能性食品添加剂和配料的品种也转向从天然物中提取，如天然着色剂中，姜黄有抗癌作用，红花黄色素有降压作用，紫草红有抗炎作用等。

又如，维生素 E 过去主要是合成的，年产能力达万吨以上，近年来又开发了从油脂中提取的天然维生素 E，它的抗氧化功能明显高于合成维生素 E。

我国还有上千年药食同源的历史，开发功能性食品添加剂有充分的文化和物质基础，我国一些具有生理活性的功能性食品添加剂及配料也具有走向国际市场的潜力。

二、采用高新技术开发生产食品添加剂

采用传统的过滤、蒸发、蒸馏、结晶等净化精制技术，已经不能满足现代食品工业的要求，产品成本高，使应用受到限制，因此，迫切需要采用一些高效能的高新技术，如分离技术、微胶囊技术、纳米技术等。

天然着色剂和香料对于光、热、氧、pH 等的稳定性不如合成着色剂好，其纯度都不够，只有采用高新技术才能得到纯度更高、性能更加稳定的产品。这些高档次产品才更具有竞争力。

三、现代分析技术在食品添加剂中的应用

为了进一步保证食品安全，加强对食品添加剂检测技术的研究也是保证食品安全的重要手段。目前在食品添加剂的检测方面，现代分析技术被广泛应用，主要有以下几种：光谱技术、色谱技术、液相技术、质谱联用技术、离子色谱（IC）技术、生物传感器、流动注射化学发光分析技术与毛细血管电脑（CE）技术等。

第四节　食品添加剂与食品安全

一、食品添加剂的使用原则

（一）使用食品添加剂有益无害

科学、合理地按《食品安全法》以及《食品安全国家标准食品添加剂使用标准》使用食品添加剂是有益无害的。

不依法使用食品添加剂会造成食品安全事故。食品添加剂的有毒性表现在：

1. 急慢性中毒。在食品中滥用食品添加剂可能造成急性或慢性中毒，如肉类制品中亚硝酸盐过量可导致人体血液中的低铁血红蛋白氧化成高铁血红蛋白，从而失去携带氧的功能，造成组织缺氧，产生一系列相应的中毒症状；

2. 过敏反应。一些食品添加剂如糖精可引起瘙痒症及日光性过敏皮炎；

3. 致癌、致畸与致突变。许多动物实验证实，大剂量的食品添加剂能诱发动物产生肿瘤。如糖精、亚硝酸钠、苯甲酸钠等本身可致癌，摄入过量可能引起人体产生疾病。

（二）食品添加剂的使用原则

1. 不应对人体产生任何健康危害；

2. 不应掩盖食品腐败变质；

3. 不应掩盖食品本身或加工过程中的质量缺陷，或以掺杂、掺假、伪造为目的而使用食品添加剂；

4. 不应降低食品本身的营养价值；

5. 在达到预期目的前提下尽可能降低在食品中食品添加剂的使用量。

如按上述使用原则，换言之，在下列情况下可使用食品添加剂：

1. 保质或提高食品的营养价值；

2. 作为某些特殊膳食用食品的必要配料或成分；

3. 提高食品的质量和稳定性，改进其感官特征；

4. 便于食品的生产、加工、包装、储运等。

二、食品添加剂可能造成食品安全问题

目前，经过 FAO、WHO 和各国政府的努力，世界各国一方面已禁止使用

那些对动物致癌、致畸，并有可能危害人类健康的添加剂品种，另一方面删减了一些被人们持怀疑态度的品种，执行更加严格的毒理学检验与评价。现有大多数食品添加剂均已经通过严格的安全性评价程序，因此，就食品添加剂总体来说，其使用后的危害风险已降到了最低水平。如今，食品添加剂有可能造成食品安全事故的原因主要有三个：一是滥用食品添加剂；二是违法添加非食用物质造成食品安全问题；三是使用劣质、过期及污染的食品添加剂。

（一）滥用食品添加剂

滥用食品添加剂即超范围、超限量违法使用食品添加剂。超范围使用食品添加剂，是指超出强制性国家标准所规定的食品中可以使用的食品添加剂的种类和范围，如国家标准要求发酵葡萄酒中不允许添加食品着色剂，但一些企业将勾兑的"三精水"冠以葡萄酒名称销售，从而牟取暴利。

超限量使用食品添加剂，是指超出强制性国家标准在食品中可以使用的食品添加剂最大使用量。如食品防腐剂的超量使用，虽然可以延长食品的保质期，降低企业的生产成本，但超量使用会对人体造成严重危害。

（二）违法添加非食用物质造成食品安全问题

食品添加剂有着严格的产品质量标准，尤其是对一些危害人体健康的物质限量十分苛刻，如"有害成分砷的含量（以 As 计算）≤ 1 毫克 / 千克"，而在工业硫黄（GB/T2449-006）的技术指标中，要求砷（As）质量分数：优等品 ≤ 0.0001%（1 毫克 / 千克），一等品 ≤ 0.01%（100 毫克 / 千克），合格品 ≤ 0.05%（500 克 / 千克），由此可见对食品添加剂的要求是严格的，而对一般工业用材料的要求是宽泛的，若使用工业用硫黄处理食品就有可能使有害成分砷超标 100～500 倍，就有可能对人体造成大的伤害。

（三）使用劣质、过期及污染的食品添加剂

在我国，假冒伪劣问题比较突出，劣质食品添加剂主要来源于不法的食品添加剂生产企业，其生产的食品添加剂本身不符合食品添加剂强制性国家标准，如汞、铅、砷等有害物质超标，使用这样的劣质添加剂会对消费者健康造成严重的伤害，如其他非有害物质超标，则主要对食品加工生产造成影响。过期及污染的食品添加剂主要是因为生产管理不当造成的，往往会因为其污染物或其质量下降，对产品的质量和消费者的健康产生危害。

第十七章 食品包装材料及其安全性

第一节 食品包装的概念和意义

一、食品包装的概念

包装，是指在运输和保管物品（商品）时，为了保护其价值及原有状态，使用适当的材料、容器和包装技术包裹起来的状态。

食品包装是指采用适当的包装材料、容器和包装技术把食品包裹起来，使食品在运输和贮藏过程中保持其价值和原有状态。根据我国《食品安全法》第一百五十条规定：用于食品的包装材料和容器，指包装、盛放食品或者食品添加剂用的纸、竹、木、金属、搪瓷、陶瓷、塑料、橡胶、天然纤维、化学纤维、玻璃等制品和直接接触食品或者食品添加剂的涂料。

二、食品包装的意义

食品包装是现代化食品工业的最后一道工序，是食品商业化的重要环节和部分，它起着保护商品质量和卫生，不损失原始成分和营养，方便贮运，促进销售，延长货架期和提高商品价值的重要作用，而且在一定程度上，食品包装已经成为食品不可分割的重要组成部分。

由于食品是微生物的天然培养基，微生物的生长繁殖及其产生的一些代谢产物容易引起食品的腐败变质，并且其他各种环境因素如干燥、潮湿等也会造成食品的氧化、变色、变味等质量改变。作为日常消费品的特殊商品，食品的营养和卫生极其重要，对食品进行妥善包装可以使食品免受或减少破坏（影响），但包装材料种类繁多，性能各异，因此，只有了解了各种包装材料和容器的包装性能，才能根据包装食品的防护要求，选择既能保护食品的风味和质量，又能体现其商品价值，并使用包装成本合理的包装材料。例如，需高温杀菌的食品应选用耐高温包装材料，而低温冷藏食品应选耐低温的材料包装。

第二节　食品包装材料的性能要求及发展趋势

一、食品包装材料的性能要求

食品包装材料作为食品的一种"特殊的添加剂"，是食品的一个重要组成部分，本身不应含有毒物质，除具有安全性外，还应满足以下性能要求：

1.食品包装材料必须具有对气体、光线、水及水蒸气等的高阻隔性。包装油脂食品要求具有阻氧性和阻油性；包装干燥食品要求具有高阻温性；包装芳香食品要求具有保香性；而包装果品、蔬菜类生鲜食品要求具有高的氧气、二氧化碳和水蒸气的透气性。

2.食品包装材料还要有机械适应性，如抗拉伸、抗撕裂、耐冲击、耐穿划。

3.优良的化学稳定性，不与内装食品发生任何化学反应，确保食品安全。

4.较高的耐温性，满足食品的高温消毒和低温贮藏等要求。

5.为了提高食品包装的效果和食品的商品价值，要求包装材料具有密封性、热封性和一定的透明性和光亮度，且印刷性能好。

6.方便性，指包装食品的易开性、食用容器的兼用性等。

需要指出的是，不能将工业包装袋用作食品包装袋。食品包装材料的阻隔性赋予了其保护食品的功能，也是包装材料的关键性要求，当然，同时也要考虑包装材料的可回收性与经济性。

二、食品包装材料的发展趋势

目前，食品包装材料发展的趋势包括五方面：

（一）包装材料减量化

这既是厂家降低运行成本的需要，也是环保的需要，因此，我们看到食品等领域的包装材料薄型化、轻量化已成为一种趋势，如在塑料软包装材料中，已经出现了能够加工更薄的薄膜且加工难度不大的新型原材料。为了适应包装减量、环保的要求，在纸包装行业出现了微型楞纸板的风潮，并开始向更细微的方向发展。有的国家已开始应用 N 楞(楞高 0.46 毫米)和 O 楞(楞高 0.30 毫米)。在包装容器方面，国外还开始了刚性塑料罐的研制，希望以其质量小、易成型、价格低的优势取代金属容器，目前可蒸煮、饮料聚酯罐和牛奶聚丙烯罐等已见成效。

（二）材料使用安全化

民以食为天，食以安为先，食品包装材料也要重视安全化。随着社会进步和科技的发展，人们对自身健康更加重视，食品企业对产品的安全控制力度逐步加大，对包装材料的卫生和功能安全的要求越来越严格，包装材料防护范围也逐步扩大。例如，目前有很多客户要求包装材料生产企业提供由权威部门出示的其生物安全性和化学性的测试报告。又如，目前已出现了新型高阻隔包装材料、抗菌包装、除氧化活性包装。

所谓新型高阻隔包装材料有铝箔、尼龙、聚酯、聚偏二氯乙烯等，它们不仅可以提高对食品的保护程度，而且在包装同量食品时可以减少塑料的用量。对要求高阻隔的食品及真空包装、充气包装，一般都要用复合材料。

抗菌包装一般用抗微生物的塑料薄膜，它可以在一定期限内逐渐向食品释放防腐剂，不仅有效地保证了食品质量，还可以解决食品保护初期消费者摄入较多的防腐剂问题。

除氧活性包装，目前利用对氧具有高阻隔的塑料以及应用在包装方面的技术已十分成熟，它们可最大限度地减少氧气含量（如真空包装等）。20 世纪 70 年代，除氧活性包装体系应运而生，其中铁系除氧剂是发展较快的一种，先后出现了亚硝酸盐系、酶维化系、有机脱氧剂、光敏脱氧剂等。如使用内层涂有抑氧物质的啤酒瓶盖，就能在装瓶后大约九个月的时间内维持啤酒的原始风味和口感不变。

（三）生产设备高效化

随着科技的不断进步，各种新型商品和新型包装设备不断出现，因此快速消费品企业的生产集中度和自动化程度也得到不断的提高，其中包装设备正在向大型化、快速化、高效化、自动化方向发展，例如，在巧克力、冰激凌等一些热敏感性产品的包装中，低温快速封合的包装材料正在逐渐代替传统的热压封合包装材料，低温快速封合的包装是用特殊胶水代替热封局部涂布在基材表面，然后在常温下挤压封合，减少了热传递时间，封合速度大大提高。通常情况下，其封合速度是热压封合材料速度的 8～10 倍，同时还消除了加热材料可能带来的异味。由于是局部涂布，还大大节省了材料的使用量。

（四）包装材料智能化

随着物质生活的日渐丰富，具有保鲜、防腐、抗菌、防伪、延长保质期等多种功能的智能包装应运而生。

智能包装包括：功能材料型智能包装、功能结构型智能包装及信息型智能包装。它具体体现为：利用新型的包装材料、结构和形式对商品的质量和流通安全性进行积极干预与保障；利用信息收集、管理、控制与处理技术完成对运输包装系统的优化管理。用于食品安全包装的智能包装材料主要有显示材料、杀菌材料、测菌材料等，如加拿大推出的可测病菌包装材料可检测出沙门氏菌、弯曲杆菌、大肠杆菌和李斯特菌等4种病原菌，很有特色，深受人们的欢迎。

5.结构形式新颖化

随着市场竞争的加剧，同类产品之间的差异性在逐步减少，品牌使用价值的同质性逐步增大，产品销售对终端陈列的依赖性越来越大，直接导致企业通过包装来突出自己的产品与其他产品的差异，以吸引消费者选购。于是，形式、结构新颖的包装相继涌现。

第三节　食品包装的种类、安全问题与管理

一、食品包装的种类及安全问题

（一）塑料包装材料

塑料是一种以高分子聚合物（树脂）为基本成分，再加入一些用来改善其性能的各种添加剂制成的高分子材料，因其原材料丰富，成本低廉，易于加工，性能优良，质轻美观，装饰效果好而成为近40年世界上发展最快的包装材料，但塑料包装材料也存着卫生安全方面的隐患。

1.塑料包装的污染问题。由于易带电，吸附在塑料包装表面的微生物及微尘杂质可引起食品污染。

2.材料内部残留的有毒有害化学污染物的迁移与溶出。材料内部残留的有毒有害物质主要来源有：（1）树脂本身具有一定的毒性；（2）树脂中残留的有毒单体、裂解物及老化产生的有毒物质；（3）塑料制品在制造过程中添加的稳

定剂、增塑剂、着色剂等添加剂带来的毒性；（4）塑料回收再利用时附着的一些污染物和添加的色素可能造成食品污染。

3.油墨、印染及加工助剂方面的问题。塑料是一种高分子聚合材料，聚合物本身不能与染料结合，当油墨快速印刷在复合膜、塑料袋上时，需要在油墨中添加甲苯、丁酮、醋酸乙酯、异丙醇等混合溶剂，这样有利于稀释和促进干燥，但大量使用便宜甚至劣质的甲苯（有的生产企业为了节省成本），并缺乏严格的生产操作工艺，会使包装袋上残留大量苯类物质。另外，在制作塑料包装材料时常加入多种添加剂、稳定剂、增塑剂等，其中一些物质具有致癌、致畸性，与食品接触时会向食品迁移。

4.回收问题。塑料材料的回收有利于节约资源，国外已开始大量使用回收的PET树脂作为PET瓶的芯片材料使用，一些经过清洁切片的树脂也已达到食品包装的卫生性要求而可以直接生产食品包装材料，一般聚乙烯回收再生品不得再用来制作食品包装材料。

（二）纸包装材料

纸以纸浆为主要原料，加入施胶剂（防渗剂）、填料（使纸不透明）、漂白剂（使纸变白）、染色剂等加工而成。

纸质包装材料可以制成袋、盒、箱等容器，因其一系列独特的优点，在食品包装中占有重要地位，我国纸包装材料占总包装材料总量的40%左右。

我国在国家食品包装原纸的卫生指标、理化指标及微生物指标方面有明确的规定，单纯的纸是卫生、无毒、无害的，并且在自然条件下能够被微生物分解，对环境无污染。

（三）金属包装材料

金属包装材料具有优良的阻隔性能、机械性能、表面装饰性和变异物处理性能。作为食品包装材料最大的缺点是化学稳定性差、不耐酸碱性，特别是包装含酸性容物时易影响内壁的有机涂层，可防止容物与金属直接接触，避免电化学腐蚀，提高食品货架期，但涂层中的化学污染物也会在罐头的加工和贮藏过程中向容物迁移，造成污染。

铁和铝是目前使用的两种主要金属包装材料，马口铁罐头盒罐身的镀锡虽可起到保护作用，但溶出的锡会形成有机盐，毒性很大。

铝制包装材料主要是指铝合金薄板和铝箔，铝箔因为存在小气孔，很少单独使用。

（四）玻璃包装材料

玻璃作为包装材料，最大的特点是高阻隔、光亮透明，其用量约占包装总材料的 10%，用作食品包装的玻璃是氧化物玻璃中的钠-钙-硅系列玻璃。要确保玻璃包装的安全，应注意以下几点：1.熔炼过程中应避免有毒物质溶出；2.注意避免重金属（如铅）超标；3.对于加色玻璃，应注意着色剂的安全；4.玻璃瓶罐在包装含气饮料时易发生爆瓶现象。

（五）陶瓷和搪瓷包装材料

搪瓷器皿是将瓷釉涂在金属坯上，经过烧烤而制成的产品。陶瓷器皿是将瓷釉涂在黏土、长石和石英等混合物烧结成的坯上，再经过熔烧而制成的产品。搪瓷和陶瓷容器在食品包装上主要用于装酒、腌制品和传统风味食品。一般认为陶瓷包装材料是无毒、卫生、安全的，但研究表明，在坯体上涂的瓷釉、陶釉，烧制不佳时，其中所含重金属等容易溶出而污染食品。

（六）橡胶制品包装材料

橡胶广泛用于制作奶瓶、瓶盖以及食品原料、辅料、水的输送管道等，分天然橡胶和合成橡胶两大类。天然橡胶是以异戊二烯为主要成分的天然高分子化合物，本身既不分解，在人体内部也不被消化吸收，因而被认为是一种安全、无毒的包装材料。合成橡胶主要来源于石油化工原料，种类较多，是由单体经过各种工序聚合而成的高分子化合物，在加工中添加多种助剂，如硫化促进剂、防老剂、填充剂等，而给食品安全带来隐患。

二、食品包装材料的安全性评价与管理

目前，国际上以模拟溶媒溶出试验来测定所用材料的溶出水平，并确定毒性试验的项目和数量，各国（包括国际组织）按自己的情况及相关法规或标准进行必要的管理。如在美国，对食品材料的安全性评价包括化学性评价和毒理学评价。化学安全性评价的主要内容涉及以下几方面：1.物质的特性；2.使用条件，包括温度、接触时间等；3.拟起到的技术效应；4.迁移试验和分析方法；5.暴露评估。

美国食品药品管理局对食品包装材料的安全毒理学评价的主要内容，应以积累的估计每日摄入量为基础，这与暴露风险随着暴露剂的增加而增加的原则相同。美国食品药品管理局将饮食中的暴露剂分成三种，根据不同情况开展评价工作。

　　中国对食品包装材料的使用也实行审批管理制度，进行安全性毒学理学评价的程序和具体的检验方法与其他物质的没有区别。当前的主要问题是现行部分食品容器、包装材料及加工助剂的卫生标准时间较长，标准的部分内容有点落后，对于新型食品接触材料和加工助剂缺乏有效的准入和管理机制，导致出现了某些监管方面的空白。

第十八章 其他食品调味品饮品的安全问题

第一节 油炸食品的安全问题

根据来源，食用油脂可以分为植物性油脂和动物性油脂两大类，常见的有猪油、牛油、羊油、鸡油、奶油、豆油、花生油、草籽油等。油脂对人体健康有重要作用，可供给人体必需的脂肪酸，是人体热能的来源之一。在食品加工烹饪中，油脂的使用可以丰富食品产品的品种，提高产品质量等，但如果食用或保质不当，油脂可危害人体健康。

油炸食品的安全问题会涉及诸多方面，如：反式脂肪酸对健康的影响；加入的明矾等膨化剂可能超标，其中的铅将影响人体健康；添加的色素和护色剂若过量可能造成影响；油炸过程中产生的有害物质可能造成影响。

一、反式脂肪酸对健康的影响

油脂是由 1 份甘油和 3 份不同的脂肪酸酯化而成的甘油三酯。脂肪酸根据结构分为饱和与不饱和脂肪酸两大类，在不饱和脂肪酸中又由于结构不同，分成顺式与反式脂肪酸。经高温加热处理的植物油，在其精炼脱臭工艺中（加热温度一般可达 250 摄氏度以上）时间为 2 小时，可能会产生一定量的反式脂肪酸。

反式脂肪酸进入人体后，在体内代谢、转入，会干扰必需的脂肪酸（EFA）和其他脂质的正常代谢，对人体健康产生不利影响。如增加患心血管疾病的危险性，导致患糖尿病的危险增加，导致必需脂肪酸的缺乏，以及抑制婴幼儿生长发育。

减少氢化食用油的使用和相关产品的摄入量是控制反式脂肪酸进入人体的重要措施。

二、加入的明矾等膨化剂可能超标，其中的铅将影响人体健康

膨化剂分为生物与化学膨松剂两大类，生物膨松剂用酵母是安全的，化学膨松剂有的含铅，如超标将对人体造成影响，如：软骨病、骨质疏松、神经系统损伤，引起肝、肾等器官慢性损伤，以及与某些肿瘤的发生有关。

三、添加的色素和护色剂可能造成的影响

护色剂是允许使用的一种食品添加剂，它又称发色剂，一般宰后成熟的肉因含乳酸，pH 值在 5.6～5.8 的范围，所以不需外加酸即可生成亚硝酸，但亚硝酸性质不稳定。我国批准使用的硝酸钠（锂）和亚硝酸钠（钾），能与肉及肉制品中亮色物质作用，使之在食品加工、保藏过程中不致分解，因此呈现良好的色泽，同时有抑菌防腐、提高食物风味的作用，但护色剂使用不当会对人体造成影响，因为它本身也是急性毒性较强的物质，因此有可能使人体正常携氧能力降低而引起组织中毒，使人体中枢神经麻痹，血管扩张，血压降低，严重时可引起窒息甚至死亡等。

四、油炸加工过程中，食品中的相关成分可能发生变化，如产生多环芳烃化合物

多环芳烃（PAHs）是分子中含有两个或两个以上苯环的碳氢化合物，它是最早被发现和研究的致癌类化合物之一，它主要是由煤、石油、木材及有机高分子化合物的不完全燃烧而产生的，食品中多环芳烃和苯并（a）芘（BaP）与食物熏烤和高温烹调有关。BaP 不是直接致癌物，在体内必须经过微粒混合功能氧化酶活化合后才具有致癌性。越来越多的研究表明，多环芳烃的真正危险在于它暴露于太阳光中紫外光辐射时的光致癌效应，有可能引起人体基因突变，或引起人类红细胞溶血反应。

第二节　酱油与味精的安全问题

一、酱油的安全问题

酱油是我国传统的调味品，是以大豆、小麦等为原料，经过浸泡，用米曲

霉菌种制成酱曲，进行发酵，利用微生物酶使蛋白质产生一些有特殊风味的鲜味物质，再加入适量的食盐、色素、防腐剂等而制成的产品。但近年来，在酱油加工中，不法商贩掺杂造假、以假充真，以非食品原料、发霉变质的原料等加工食品的违法活动屡禁不止，加之酱油制造中其他不安全因素，引起了全社会的关注。

酱油的安全问题与真菌有关。酿造酱油一般以富含蛋白质的豆类和富含淀粉的产品为主要原料，通过微生物的发酵，生产得到。如果这些原料存储条件不当，容易发生霉变，产生一些对人体健康不利的物质，像黄曲霉。黄曲霉生长繁殖的最适宜温度为 13℃～25℃，最适宜的相对湿度是 70%～90% 或以上。南方地区黄曲霉毒素的污染发生率高于北方，特别是梅雨季节，黄曲霉容易生长，如果原料长时间仓储或仓库潮湿，库存多且不注意通风、干燥，打扫卫生不彻底，特别是粉碎的物料，由于颗粒小，容易吸收环境中的水分等，将为黄曲霉的生长和霉菌毒素的产生创造有利条件。

黄曲霉毒素对人体是有影响的，它进入人体大约一周，大部分毒素会随乳汁、尿液、粪便和呼吸等排出体外，但一旦使用不当而造成蓄积，则有导致肝癌发病的危险性，所以必须进行去毒处理（物理去除法、化学去除法或生物学去除法）。

二、味精的安全问题

味精是以粮食如玉米淀粉、大米、小麦淀粉、甘薯淀粉等为原料，通过微生物发酵，提取、精制而得。因味精对人体的毒害性，日本等国已经禁用。

味精的主要成分是谷氨酸钠，也称为麸氨酸钠，是氨基酸的一种钠盐。

但是，谷氨酸发酵过程中若遭受了杂菌污染，轻者影响味精的产量或者质量，重者可能导致倒罐，甚至停产。

所谓"杂菌"污染的主要原因：

1. 菌种带菌。若发酵前期染菌，可能是菌种带菌或发酵罐本身染菌所致。

2. 若罐体或管件存在极微小的漏孔，易造成杂菌。

3. 在灭菌时，罐或管路连接处的死角中的杂菌不易被杀死，易造成连续杂菌影响生产。

4. 味精的发酵生产过程是好气性发酵，需要不断地通入大量无菌空气，如果空气系统的设备积液太多而带入空气中去，可能造成杂菌。

5. 如果车间、环境卫生差，易引起杂菌。

总之，为了保障味精的质量和人体健康，一定要防止杂菌的污染。

第三节　酒类的安全问题

酒在我国食品文化中有着非常重要的地位。

酒品种繁多，风格各异，历史悠久。酒可分为几类：按酒的制造方法可分为酿造酒、蒸馏酒和配制酒三大类；按酒精的含量高低可分为高度酒（51%～67%）、中度酒（38%～50%）及低度酒（38%）；按含糖量分为甜型酒（10%以上）、半甜型酒（5%～10%）、半干型酒（0.5%～5%）以及干型酒（0.5%以下）；按商品类型分为白酒、黄酒、啤酒、果酒、药酒和洋酒等。

一、蒸馏酒的安全问题

蒸馏酒如茅台酒、五粮液，这类酒的制造过程一般包括原材料的粉碎、发酵、蒸馏及陈酿四个过程，这类酒的酒精含量较高。由于制酒材料不同，又分中国白酒、白兰地酒（以水果为原材料）、威士忌酒（用预处理过的谷物制成，但它的发酵和陈酿过程特殊）、伏特加（俄罗斯产最为著名）、龙舌兰酒（以植物龙舌兰制作）、朗姆酒（以甘蔗为原料）等。

影响蒸馏酒安全的主要因素是：

1. 原料。制曲、酿造用粮、稻壳等，如果发霉或腐败变质，将严重影响酿造及制曲过程中有益菌的生长繁殖，并可能产生如黄曲霉毒素等有害物质，影响酒的风味和品质与人体健康。

2. 甲醇。甲醇是有机物醇类中最简单的一元醇，俗称木酒精、木醇，蒸馏酒中的甲醇主要由果胶质水解产生。

甲醇是无色、透明的、有酒精气味的易挥发液体，沸点为65℃，溶点为 -97.8℃，能与水以任意比例相溶，甲醇吸收至人体内后，可迅速分布在机体各组织内，其中以脑脊液、血、胆汁和尿中的含量最高。

甲醇在肝脏内经醇脱氢酶作用氧化成甲醛，进而氧化成甲酸，未被氧化的甲醇可以经呼吸和肾脏排出体外，部分经肠胃缓慢排出。

甲醇有较强的毒性，它的毒性由其本身及代谢产物所致，甲醇对人体的神经系统、血液系统影响最大，表现为头昏、头痛、心悸、失明甚至死亡，特别对视神经和视网膜有特殊的副作用，如易引起视神经萎缩，导致双目失明。

3. 杂醇油。这是酒的芳香成分之一，但含量过高对人体有毒害作用，其毒性和麻醉力比乙醇强，毒性也比乙醇持久。

4. 氰化物。使用木薯、果核为原料酿酒时，由于原料本身含有较高的生氰糖苷，在制酒过程中氰苷水解后可产生氰氢酸，使酒中含有微量的氰化物。

氰化物为剧毒物，即使很少量也可以使人中毒，产生头昏，头痛，口腔、咽喉麻木，恶心，呼吸加快，脉搏加快等症状，严重者会死亡。

5. 醛类。酒中醛类是相应醇类的氧化产物，主要有甲醛、乙醛、丙醛等，毒性比相应的醇强。

6. 铅。发酵酒在蒸馏过程中，设备如冷凝器、贮器和管道等可能会有铅，当铅部分溶于酒中后，成品酒的铅成分增加，有可能影响人体健康。

7. 掺假。这是酒类市场上最常见最严重的现象，往往用空瓶装入普通白酒冒充名酒，非法印刷假包装、假商标，有的还用工业酒精勾兑成白酒出售，使其中甲醇含量过大、过高，致人中毒、失明，甚至死亡，应加强管理，严加查处。

二、酿造酒的安全问题

酿造酒是以粮食、水果、乳类为原料，主要经酵母发酵工艺等酿制的，不经过蒸馏，在一定容器内经过一定时间的窖藏而制成的酒精含量小于 24% 的酒类，主要包括啤酒、葡萄酒、水果酒和黄酒等。

这类酒的安全性，我们以啤酒为例说明：

1. 双乙酰（丁二酮）。双乙酰是微绿黄色液体，有强烈的气味，其沸点为 88℃，性质稳定，是多种香味物质的前驱物质，是黄酒、蒸馏酒、奶酪等主要的香味物质。

双乙酰的生成，主要受到麦汁质量、母菌株、酵还原期温度等因素的影响。

一般认为，双乙酰的急性毒性较低，但如果在啤酒中的含量较高，表现出刺激性，可引起接触者恶心、头痛和呕吐的反应。

2. 醛类。目前在啤酒中被检测出的醛类物质有 50 多种，但对啤酒影响最大的醛类物质是乙醛。

乙醛是无色、易挥发并且有刺激性气味的液体，沸点为 20.8℃。可溶于水，乙醛易氧化和聚合，是乙醇和乙酸的前驱体。

啤酒中的乙醛是酵母进行乙醇发酵的中间产物，乙醛是乙醇在体内代谢的一种产物。在醛类中，乙醛的毒性仅次于甲醛，乙醛毒性相当于乙醇的 83 倍。一定量的乙醛对人体有强刺激性，它能够刺激人体的呕吐中枢神经，使人产生恶心、呕吐的反应，能促进神经收缩而致头痛……长期饮用乙醛含量高的酒，可引起脸部涨红、心悸及血压下降等不适症状。

3. 杂醇油。杂醇油是啤酒发酵的主要代谢副产物之一，是构成啤酒风味的重要物质，适宜的杂醇油组成及含量，不但能促进啤酒具有丰沛的香味和口味，且能增加啤酒原来酒体的协调性和醇原性。

啤酒中超量的杂醇油的存在会带来令人不愉快的口感，饮后会出现"上头"现象。

4. 硫化物。酵母的生长和繁殖离不开硫化素，但某些硫的代谢物含量过高时，会给啤酒的风味带来某些缺陷。

5. 甲醛。啤酒是一种稳定性不强的胶体溶液，在生产中易出现多酚与蛋白质的结合，容易产生浑浊沉淀现象，影响产品外观，早在 20 世纪 60 年代，各厂家就使用甲醛来提高非生物稳定性，应用于国内啤酒酿造业。

第四节　辐照食品的安全问题

食品辐照是指用射线辐射食品借以延长食品保藏期的技术，主要用途是消灭致癌微生物，阻止食品损坏和腐败，甚至能帮助缓和世界性粮食困难问题。

1961 年，国际原子能机构（IAEA）、联合国粮食及农业组织（FAO）、世界卫生组织（WHO）代表召开会议决定进行这项技术的研究，现在已过了半个多世纪。这项技术的优点有：

1. 食品能在新鲜的状态下进行保藏。

2. 可用于包装后食品，从而防止了加工后再污染的威胁。

3. 处理能连续进行。

4. 杀死微生物效果显著，剂量可以根据需要进行调节。

各项深入研究已经证实，这种技术是有效的，对人类健康无害，可以安全地应用。应该逐步消除人们对辐照食品的恐惧心理，同时加强管理和控制。

第十九章　学好《食品安全法》，保障舌尖上的安全

第一节　制定食品安全法的基本原则

一、遵循宪法的原则

　　宪法是国家的根本大法，是治国安邦的总章程，适用于国家全体公民，是特定社会政治经济和思想文化条件综合作用的产物，集中反映各种政治力量的实际对比关系，确认革命胜利成果和现实的民主政治，规定国家的根本任务和根本制度，即社会制度、国家制度的原则和国家政权的组织以及公民的基本权利义务等内容。

　　《中华人民共和国宪法》是中华人民共和国全国人民代表大会制定和颁布的国家根本大法。规定拥有最高法律效力，规定国家的根本制度和根本任务、公民的基本权利和义务、国家机构的组织原则和职权。宪法具有最高法律效力，一切法律、法规都必须依据宪法，都不得同宪法相抵触。

　　中华人民共和国成立后，曾于 1954 年 9 月 20 日、1975 年 1 月 17 日、1978 年 3 月 5 日和 1982 年 12 月 4 日通过四部宪法。现行宪法为 1982 年宪法，并历经 1988 年、1993 年、1999 年、2004 年、2018 年五次修订。2018 年 3 月 11 日，第十三届全国人大一次会议第三次全体会议表决通过了《中华人民共和国宪法修正案》。

二、维护社会主义法制的统一和尊严的原则

　　《中华人民共和国宪法》第五条规定："国家维护社会主义法制的统一和尊严。"法制统一是社会主义民主集中制和法律权威的体现。维护法制统一和尊严的重要意义在于：在政治上，它关系到党和国家的路线方针政策能否得到贯

彻的大问题；在经济上，它关系到能否适应社会主义市场，能否形成统一、开放、有序的市场和公平的大问题。维护法制的统一和尊严，要求在制定法律、行政法规、部门规章、地方性法规和规章时，从国家整体利益出发，从全体人民的全局利益出发，防止和杜绝任何狭隘的部门主义和地方主义偏向。

三、突出预防为主，风险防范

我国是世界上人口最多的发展中国家，地域经济发展很不平衡，处在社会主义初级阶段。我国的食品安全状况与国际食品安全状况密切相关，传统问题与新发现的问题同时存在，食品安全形势依然严峻。

传统的食品污染问题，如农兽药残留、致病菌、重金属和天然毒素的污染，在我国依然存在，工业废水、废气、废渣和一些有害的城市生活垃圾导致地域、水域和海域污染，国家明令禁用的剧毒、高残留、限用农药和兽药仍在使用，饲料中非法添加激素和生长促进剂，使用抗微生物制剂引起细菌耐药性，这些都对农产品的生产造成源头污染。

在对全国农户的调查中发现，90%的农户选购农药时优先考虑使用效果，而不考虑农药毒性；90%的农户施药时不采取保护措施；80%的农户随意丢弃废农药包装物和剩余农药；70%的农户不知道农药超标对人体的危害；大多数农户不按规定的安全间隔期采收。这些现象均会导致农药残留超标。有些地方的农民为抢销售期，大量使用化肥、激素、农药，导致农产品超常生长。滥用农药的后果是使农业害虫具有抗药性，更有甚者，有些地方已经出现药不过量、超量使用就会造成绝收的现象，农产品——食品加工原料的污染不可能通过感官检查，只能依靠仪器检测手段。农兽药等化学物质一旦进入原料，将使整个原料受到污染，唯一明智的选择是弃用。

发达国家出现的一系列食品污染问题在我国时有发生。如2004年初，49起H5N1型禽流感疫情在我国16个省份出现，9000万只家禽被扑杀，并造成我国禽类制品被外国禁止进口的问题。我国食品加工业还存在着违法生产的现象，一些无照企业、个体工商户及家庭式作坊（包括某些洋食品供应商）等不法制造商，受利益驱使，以假充真，以次充好，滥用食品添加剂，甚至不惜掺杂有毒、有害化学品。例如浙江发现掺用吊白块（化工原料甲醛次硫酸氢钠）的粉丝，重庆查出用"毛发水"兑制的有毒酱油，广东发现黄曲霉毒素超标的大米。还有长期以来危害消费者的注水肉、瘦肉精肉，私屠滥宰检疫不合格的畜禽，用病死畜禽加工的熟食，回收的泔水油……另外，食品中毒事件也有趋于严重的倾向。

面临严峻的食品安全形势，为了保障公众的健康权与生命安全，必须加强预防为主、风险防范的原则，为此：1.要完善基础性制度，增加风险监测计划调整、监测行为规范、监测结果通报等规定，明确应当开展风险评估的情形，补充风险信息交流制度，提出加强标准整合、跟踪评价标准实施情况等的要求；2.增设生产经营者自查制度；3.增设责任约谈制度；4.增设分级管理要求，规定监管部门根据食品安全风险监测、评估结果等确定监管重点、方式和频次，实施风险分级管理。建立食品安全违法行为信息库，向社会公布并实时更新。

四、建立最严格的全过程监管制度

众所周知，食品安全涉及种植、养殖、生产、加工、储存、运输、销售、消费等社会化生产下的诸多环节，世界各国均对食品生产经营的各个环节进行适当的监管，通过提高生产经营过程的安全性实现最终消费安全。然而，因经济发展水平、历史文化传统和社会法治理念等的不同，世界各国在食品安全的监管体制上存在着一定差异。近年来，为提高食品安全监管的效率，许多国家都对传统的食品安全监管体系进行了改革。

目前，食品安全监管要素的统一主要表现为：1.决策层面的统一，包括法律、标准、政策和规划的统一等；2.执行层面的统一；3.监督层面的统一。无论哪个层面统一，都是为了避免多头监管，重复监管，提高监管效能，也就是必须对食品生产、销售、餐饮服务等各个环节，以及食品生产经营过程涉及的食品添加剂、食品相关产品等各有关事项，有针对性地补充、强化相关制度，提高标准，全程监管。

五、建立最严格的法律责任制度

必须明确，《食品安全法》是调整各方的食品安全法律关系，其中以权利义务为内容，有法律的强制性，我们要综合运用民事、行政、刑事等手段，对违法生产经营者实行最严厉的处罚，对失职渎职的地方政府和监管部门的相关人员实行最严肃的问责，对违法作业的食品检验机构等实行最严格的追责。

六、实行食品安全社会共治

食品安全问题是一个涉及科学、技术、政策、法规以及文化等综合性的社会问题，涉及农学、工学、理学、医学、法学和管理学等学科，涉及食品加工、现代生物技术、分析检测等技术，其管理过程涉及政策、法律、法规、文化和消费观念等问题，因此，我们要充分发挥消费者、行业协会、新闻媒体等方面的监督作用，引导各方有序参与治理，形成必要的全社会共治格局。如：可设立食品安全有奖举报制度，明确对查证属实的举报给予奖励；可规范食品安全信息发布制度，强调监管部门应当准确、及时、客观地公布食品安全信息，鼓励新闻媒体对食品安全违法行为进行舆论监督，同时要规定有关食品安全的宣传报道应当客观、真实、公正，任何单位和个人不得编造、散布虚假的食品安全信息；可以增设食品安全责任保险制度，鼓励建立食品安全责任保险制度，支持食品生产经营企业参加食品安全责任保险，同时授权食品药品监督管理部门同保险监督管理委员会会制定具体办法。

2014 年 6 月 10 日，全国食品安全宣传周正式启动，时任国务院副总理汪洋同志在会上指出：食品安全工作直接关系人民群众身体健康和经济社会发展，必须标本兼治，常抓不懈。宣传周以"尚德守法，提升食品安全治理能力"为主题，很有针对性和现实意义。尚德守法，是实现食品安全治理现代化的重要基础和基本保障。企业作为食品安全的责任主体，要把诚信守法的经营理念奉为信条，建立保证质量安全的内控、溯源、召回等制度，严密防范食品安全风险；政府要认真履行监管职责，健全公平、开放、透明的市场规划，加快完善食品安全诚信体系，建立食品生产经营企业"红黑名单"制度，严惩重处食品安全违法犯罪行为，让违法犯罪行为不致挑战法律制度。社会各方面都要积极行动起来，营造维护食品安全的良好氛围，让尚德守法与法治两个"车轮"同时转起来，促进社会共治，保障"舌尖上的安全"！

社会共治的一种形式，其核心内容是要发扬社会主义民主。习近平总书记指出："社会主义民主不仅需要完整的制度程序，而且需要完整的参与实践。人民当家作主必须具体地、现实地体现到中国共产党执政和国家治理上来，具体地、现实地体现到中国共产党和国家机关各个方面、各个层级的工作上来，具体地、现实地体现到人民对自身利益的实现和发展上来。""在中国社会主义制度下，有事好商量，众人的事情由众人商量，找到全社会意愿和要求的最大公约数，是人民民主的真谛。涉及人民利益的事情，要在人民内部商量好怎么办，不商量或者商量不够，要想把事情办成办好是很难的。我们要坚持有事多商量，遇事多商量，做事多商量，商量得越多越深入越好。""涉及全国各族人民利益的事情，要在全体人民和全社会中广泛商量；涉及一个地方人民群众利益的事情，要在这个地方的人民群众中广泛商量；涉及一部分群众利益、特定群众利益的事情，要在这部分群众中广泛商量；涉及基层群众利益的事情，要在基层群众中广泛商量。在人民内部各方面广泛商量的过程，就是发扬民主、集思广益的过程，就是统一思想、凝聚共识的过程，就是科学决策、民主决策的过程，就是实现人民当家作主的过程。这样做起来，国家治理和社会治理才能具有深厚基础，也才能凝聚起强大力量。"①

第二节　我国食品安全规范监督历程

1965 年，国家卫生部、商业部、第一轻工业部、工商行政管理局、全国供销合作总社共同制定了《食品卫生管理试行条例》。1979 年，国务院颁布《食品卫生管理条例》。1983 年 7 月 1 日施行《食品卫生法（试行）》。

这一时期，国务院还通过了《1981—2000 年全国食品工业发展纲要》，纲要提出要在农产品的生产、贮藏、运输和食品加工、包装、销售等各个环节，努力消除污染源，防止食品污染，严格执行食品卫生法规，制定和完善食品工厂的卫生标准；建立、健全食品卫生的检测和监督机构，全国大中城市成立食品卫生监测中心，会同各级卫生部门组成食品卫生监测网，确保食品卫生安全。而与此同时，面对食品监管出现的新问题，国务院或转发或批复了有关解决婴幼儿食品问题、发展调味品生产、恢复和发展传统食品、开发"绿色食品"的相关报告和通知，对食品安全的监管进一步加强。

1993 年，国务院进行了一次机构改革。从食品安全监管的角度来分析，这次改革意义重大。存在了 44 年之久的轻工业部门逐步退出历史舞台，包括肉制品、酒类、水产品、植物油、粮食、乳制品等诸多食品饮料制造行业的企业，在体制上开始与轻工业部门分离，代之以指导性的轻工总会，后又改为经贸委下的国家轻工业局，直至 2001 年被撤销。

1995 年 10 月 30 日，《中华人民共和国食品卫生法》获得通过并施行，食

---

① 摘自习近平总书记在庆祝中国人民政治协商会议成立 65 周年大会上的讲话。

品卫生监管进入一个新的阶段。《食品卫生法》规定："国务院卫生行政部门主管全国食品卫生监督管理工作。国务院有关部门在各自的职责范围内负责食品卫生管理工作。"这意味着卫生行政部门的主导地位正式确立,除铁路、交通和军队等系统外,食品生产经营企业的主管部门的监管职能被剥离,不再负责本系统的食品卫生工作。

2004年9月1日,国务院《关于进一步加强食品安全工作的决定》指出,进入21世纪,我国食品安全形势总体转好,但食品安全问题仍然比较严重,食品安全事故时有发生,种植养殖、生产加工、市场流通、餐饮消费等方面存在的问题还很突出,食品安全监管体制、法制、食品安全标准等方面存在缺陷,地方保护、有法不依、执法不严、政府食监部门监管不力的现象时有发生。

从《关于进一步加强食品安全工作的决定》开始,我国食品安全规范监管体制上确立了"分段监管为主,品种监管为辅"的监管模式:农业部门负责初级农产品生产环节的监管;质检部门负责食品生产加工环节的监管,将原由卫生部门承担的食品生产加工环节的卫生监管划归质检部门;工商部门负责食品流通环节的监管;卫生部门负责餐饮业和食堂等消费环节的监管;食品药品监管部门负责对食品安全的综合监管,组织协调和依法组织查处重大事故。此外,农业部、发改委和商务部门按照各自职责,做好种植养殖、食品加工、流通、消费环节的行业管理工作。

2009年,《中华人民共和国食品安全法》在十一届全国人大常委会第七次会议上通过,并于2009年6月1日起实施。同时废止《中华人民共和国食品卫生法》。2009年7月20日,国务院公布并实施《食品安全法实施条例》。

《中华人民共和国食品安全法》指出:食品安全指"食品无毒、无害,符合应当有的营养要求,对人体健康不造成任何急性、恶急性或慢性危害"。这也意味着食品监管目标从"卫生"转向"安全"。《食品安全法》共十章,第八章为"监督管理",原有的五部门分段监管模式得以保留,重大变化之一是:为了解决多头监管(俗称"九龙治水")互相扯皮的情况,设立"国务院食品安全委员会",其主要职责是:分析食品安全形势,研究部署,统筹指导食品安全工作;提出食品安全监管的重大政策措施;督促落实食品安全监管责任。

2012年6月23日,国务院发布《关于加强食品安全工作的决定》,强调:1.进一步健全科学合理、职能清晰、权责一致的食品安全部门监管分工,加强综合协调,完善监管制度,优化监管方式,强化生产经营各环节的监管,形成相互衔接、运转高效的食品安全监管格局；2.按照统筹规划、科学规划的原则，加快完善食品安全标准、风险监测评估，检验检测等的管理体制；3.县级以上地方人民政府统一负责本地区食品安全工作，要加快建立健全食品安全综合协调机构，强化食品安全保障措施，完善地方食品安全监管工作体系。同时，该决定还强调要在深入开展食品安全治理整顿，严厉打击食品安全违法犯罪行为，加强食用农产品监管，加强食品生产经营监管等方面加大工作力度。

2012年6月28日，国务院办公厅印发《关于印发国家食品安全监管体系"十二五"规划的通知》，《国家食品安全监管体系"十二五"规划》（以下简称"规划"）的指导思想是邓小平理论和"三个代表"重要思想，深入贯彻落实科学发展观，坚持以人为本、预防为主、提升能力、标本兼治。健全体制机制，落实各方责任，加大投入力度，优化整合资源，强化科技支撑，推进诚信体系建设，不断提高依法监管、科学监管、全程监管的能力，推动食品安全水平稳步提高，切实保障人民群众饮食安全，促进食品行业健康发展，为实现全面建成小康社会的宏伟目标作出应有贡献。

该"规划"提出建设目标，基本内容如下：1.县级以上地方政府均建立健全食品安全综合协调机制，并明确办事机构；2.食品安全标准体系进一步完善，基本完成现行食用农产品质量安全标准、食品卫生标准、食品质量标准和有关食品行业标准中强制执行标准的清理整合工作；3.风险管控水平明显提高，基本建立起以风险评估为基础的防御体系。食品污染物和有害因素监测覆盖全部县级行政区域，监测点由344个扩大到2870个；监测样本量从12.4万个/年扩大到287万个/年，食源性疾病监测网络哨点医院由312个扩大到3120个，流行病学调查、资料汇总单位由274个扩大到3236个。在优势农产品主产区建立食用农产品质量安全风险监测点，蔬菜、水果、茶叶、生鲜乳、蛋、水产品和饲料国家级例行监测和监督抽检数量达到每万吨3个样品，出栏畜禽产品达到每万头（只）3个样品，监测抽检范围扩大到全国所有大中城市和重点产区；4.国家级风险评估机构建设成为人才结构合理、技术储备充分、具有较强科学公信力和国际影响力的食品安全权威技术机构，能够全面承担食品安全风险监测、评估、预警和交流等方面的技术保障工作；5.食品安全检验能力显著提高，满足监管工作需要，以国家级检验机构为龙头，省级检验机构为骨干，市、县级检验机构为基础，布局合理、全面覆盖、协调统一、运转高效的食品安全检验检测体系进一步完善；6."三品一标"（指无公害农产品、绿色食品、有机农产品、农产品地理标志）产品产地认定面积占食用农产品产地总面积的比例从 30% 提高到 60%；7. 向我国出口食品的境外食品生产企业均经国家出入境检验检疫部门注册；向我国出口食品的境外出口商和代理商均经国家出入境检验检疫部门备案；8. 食品生产经营者安全信用档案全面建立，规模以上食品生产企业、所有食品经营者和中型以上餐馆、学校食堂、中央厨房、集体用餐配送单位信用档案实现电子化；9. 乳品电子追溯系统覆盖所有婴幼儿配方乳粉和原料乳粉生产经营单位，肉类蔬菜电子追溯系统覆盖全国城区人口 100 万以上以及西部城区人口 50 万以上城市。酒类产品电子追溯系统覆盖试点产品生产经营单位。保健食品电子追溯系统覆盖所有保健食品生产经营单位；10. 食品生产经营者诚信守法意识和质量安全管理水平、公众食品安全意识和认识水平显著提高。各级食品安全监管人员每人每年接受食品安全集中专业培训不少于40 小时；各类食品生产经营单位负责人、主要从业人员每年接受食品安全培训不少于 40 小时；公众食品安全基本知识知晓率达到 80% 以上，中小学生食品安全基本知识知晓率达到 85% 以上。

2013 年 3 月公布的《国务院机构改革和职能转变方案》显示，我国设立国家食品药品监督管理总局，负责对生产、流通、消费环节的食品安全和药品的安全性、有效性实施统一监督管理等。保留国务院食品安全委员会，具体工作由国家食品药品监督管理总局承担。此后，新组建的国家食品药品管理总局内部印发了《国家食品药品监督管理总局主要职责内设机构和人员编制规定》（以下简称"三定方案"），"三定方案"针对整合在国家食药监总局下的生产、流通、餐饮等的食品安全监管职能，分设三个食品安监司。其中食品监管一司二司的职能，分别是负责掌握分析生产、流通环节的食品安全形势，履行监督管理职责等；三司负责分析预测食品安全总体情况，参与制定食品安全风险监测规划等。

2013 年 4 月 28 日，《最高人民法院最高人民检察院关于办理危害食品安全刑事案件适用法律若干问题的解释》（以下简称"解释"）通过，并于 2013 年 5月 4 日施行，此"解释"被媒体称为"重典"，即食品安全违法成本加大，如在惩治食品滥用添加行为方面，将刑法规定的"食品"除加工食品之外，还包括食用农产品；将刑法规定的"生产、销售"细化为"加工、销售、运输、贮存"等环节；又如生产、销售不符合安全标准的食品罪，明确"一般应当依法判处生产、销售金额二倍以上的罚金"，处罚起刑标准确定较高；在"轻判"的适用上，明确要求要"严格适用"缓刑、免予刑事处罚；对于适用缓刑的，还应当"同时宣告禁止令",禁止其在缓刑考验期内从事食品生产、销售及相关活动。

2013年5月6日,国务院总理李克强主持召开国务院常务会议,研究部署2013年深化经济体制改革重点工作,并确立要"建立最严格的食品药品安全监管制度,完善食品药品质量标准和安全准入制度"。

2014年7月3日,全国人大常委会公布了《中华人民共和国食品安全法(修订草案)》,共十章,一百五十九条,向全社会公开征求意见。同时还公布了关于《中华人民共和国食品安全法(修订草案)》的说明,指出现行《中华人民共和国食品安全法》(共十章,一百零四条)对规范食品生产经营活动,保障食品安全发挥了重要作用,食品安全整体水平得到提升,食品安全形势总体稳中向好。与此同时,我国食品企业违法生产经营现象依然存在,食品安全事件时有发生,监管体制、手段和制度等还不能完全适应食品安全需要,法律责任偏轻,重典治乱威慑作用没有得到充分发挥,食品安全形势依然严峻。党的十八大以来,党中央国务院进一步完善我国食品安全监管体制,着力建立最严格的食品安全监管制度,推进食品安全社会共治格局,为了以法律形式固定监管体制改革成果,完善监管制度,解决当前食品安全领域存在的突出问题,以法治方式维护食品安全,为最严格的食品安全监管提供体制制度保障,修改现行食品安全法十分必要。

2015年4月24日,新修订的《中华人民共和国食品安全法》经第十二届全国人大常委会第十四次会议审议通过。新版《食品安全法》共十章,一百五十四条,于2015年10月1日起正式施行。

习近平总书记在党的十九大报告中指出,要实施健康中国战略。人民健康是民族昌盛和国家富强的重要标志。要完善国民健康政策,为人民群众提供全方位全周期健康服务。深化医药卫生体制改革,全面建立中国特色基本医疗卫生制度、医疗保障制度和优质高效的医疗卫生服务体系,健全现代医院管理制度。加强基层医疗卫生服务体系和全科医生队伍建设。全面取消以药养医,健全药品供应保障制度。坚持预防为主,深入开展爱国卫生运动,倡导健康文明生活方式,预防控制重大疾病。实施食品安全战略,让人民吃得放心。坚持中西医并重,传承发展中医药事业。支持社会办医,发展健康产业。

2018年,继续深化国务院机构改革。在食品安全领域,其主管机构进一步改革。组建国家市场监督管理总局。改革市场监管体系,实行统一的市场监管，是建立统一开放竞争有序的现代市场体系的关键环节。为完善市场监管体制，推动实施质量强国战略，营造诚实守信、公平竞争的市场环境，进一步推进市场监管综合执法，加强产品质量安全监管，让人民群众买得放心、用得放心、吃得放心，将国家工商行政管理总局的职责、国家质量监督检验检疫总局的职责、国家食品药品监督管理总局的职责、国家发展和改革委员会的价格监督检查与反垄断执法职责、商务部的经营者集中反垄断执法以及国务院反垄断委员会办公室等职责整合，组建国家市场监督管理总局，作为国务院直属机构。

主要职责是：负责市场综合监督管理，统一登记市场主体并建立信息公示和共享机制，组织市场监管综合执法工作，承担反垄断统一执法，规范和维护市场秩序，组织实施质量强国战略，负责工业产品质量安全、食品安全、特种设备安全监管，统一管理计量标准、检验检测、认证认可工作等。

组建国家药品监督管理局，由国家市场监督管理总局管理，主要职责是负责药品、化妆品、医疗器械的注册并实施监督管理。

将国家质量监督检验检疫总局的出入境检验检疫管理职责和队伍划入海关总署。

保留国务院食品安全委员会、国务院反垄断委员会，具体工作由国家市场监督管理总局承担。

国家认证认可监督管理委员会、国家标准化管理委员会职责划入国家市场监督管理总局，对外保留牌子。

不再保留国家工商行政管理总局、国家质量监督检验检疫总局、国家食品药品监督管理总局。

第三节 2015年版《食品安全法》与2009年版《食品安全法》比较分析

中华人民共和国食品安全法（2015年版）

第一章 总则
第二章 食品安全风险监测和评估

第三章　食品安全标准

第四章　食品生产经营

　　第一节　一般规定

　　第二节　生产经营过程控制

　　第三节　标签、说明书和广告

　　第四节　特殊食品

第五章　食品检验

第六章　食品进出口

第七章　食品安全事故处置

第八章　监督管理

第九章　法律责任

第十章　附则

第一章　总则

第一条　为了保证食品安全，保障公众身体健康和生命安全，制定本法。

【比较说明】这一条是立法目的，2009 年版与 2015 年版完全吻合。

1. 这里所提到的"公众"，不是"公民"与"人民"。大家知道，"公民"是法律概念，"人民"是政治概念。1995 年 10 月 30 日通过的《食品卫生法》第一条提到的是"人民"，原文是："为保证食品卫生，防止食品污染和有害因素对人体的危害，保障人民身体健康，增强人民体质，制定本法。""公众"的概念范围比"人民"的大，"公众"是媒体语言，"公众"实际上是对尊长与平辈的敬称，这里泛指人民群众。

2. 《食品安全法》来源于《食品卫生法》，《食品安全法》讲"生命权""健康权"，这两个"权"，跟人权有关。我国宪法已经承认人权，第三十三条第三款："国家尊重和保障人权。"我国已经加入了大部分人权国际公约，如 1997 年、1998 年分别加入《经济、社会及文化权利国际公约》和《公民权利和政治权利国际公约》，其中，《经济、社会及文化权利国际公约》所讲的人权内容包括自决权、工作权、社会保障权、适当生活水准权、身体和心理健康达到最高标准，等等。《公民权利和政治权利国际公约》讲的人权内容有二十一项：自决权、男女平等权、生命权、禁止酷刑、不被奴役、人身自由和安全、人格尊严，等等。

3.当然，我国在人权问题上的基本观点与西方资本主义国家的不尽相同，但我们确认人权是一项崇高而伟大的事业，随着社会的进步，我们人权的内容会更加科学、更加规范。在《食品安全法》中，我们修改了《食品卫生法》中的提法，提出维护公众的生命权与健康权就是一个明证。

第二条 在中华人民共和国境内从事下列活动，应当遵守本法：

（一）食品生产和加工（以下称食品生产），食品销售和餐饮服务（以下称食品经营）；

（二）食品添加剂的生产经营；

（三）用于食品的包装材料、容器、洗涤剂、消毒剂和用于食品生产经营的工具、设备（以下称食品相关产品）的生产经营；

（四）食品生产经营者使用食品添加剂、食品相关产品；

（五）食品的贮存和运输；

（六）对食品、食品添加剂、食品相关产品的安全管理。

供食用的源于农业的初级产品（以下称食用农产品）的质量安全管理，遵守《中华人民共和国农产品质量安全法》的规定。但是，食用农产品的市场销售、有关质量安全标准的制定、有关安全信息的公布和本法对农业投入品作出规定的，应当遵守本法的规定。

【比较说明】这一条讲的是《食品安全法》的适用范围。这一条与2009年版基本吻合，仅增加了一款："（五）食品的贮存和运输"，第六款的某些文字也作了调整，应当注意以下几个方面：

1.食品添加剂的生产经营应当适用《食品安全法》，不仅食品生产经营者使用食品添加剂要遵守本法，食品添加剂生产经营者的生产经营行为也要严格遵守本法，遵守本法关于食品安全风险监测和评估、食品安全标准的规定。

2.食品相关产品是指用于食品的包装材料、容器、洗涤剂、消毒剂和用于生产经营的工具、设备。食品相关产品的生产经营者的行为应当适用《食品安全法》。

3.本法增加了与《农产品质量安全法》相衔接的规定，避免了法律之间由于适用范围的交叉重复而可能出现的打架撞车现象，明确了食用农产品在《食品安全法》中的具体适用问题。

4.食品安全从田头到餐桌，环环相扣，哪个环节出了问题都会影响公众的健康和生命安全，所以，2015年版《食品安全法》在这一法条上增加了一些内容，不仅表明了法律的严谨，也反映了党和政府对广大人民群众高度负责的决心。

　　第三条　食品安全工作实行预防为主、风险管理、全程控制、社会共治，建立科学、严格的监督管理制度。

　　【比较说明】这一条与2009年版第三条有所区别。2009年版《食品安全法》第三条讲食品生产经营者的法律责任和社会责任。2015年版第三条讲我们的食品安全方针、政策。

　　1.什么叫预防为主？其内容是哪些？如何进行风险管理与全程控制？具体内容是什么？这条法律没有解释，笔者认为以后的"细则"也不可能详细列出，当然此精神会贯穿本法，同时这使我们想起已经废止的《食品卫生法》的某些规定，如其第八条所规定，食品生产经营过程必须符合下列卫生要求：

　　（一）保障内外环境整洁，采取消除苍蝇、老鼠、蟑螂和其他有害昆虫及其孳生条件的措施，与有毒、有害场所保持规定的距离；

　　（二）食品生产经营企业应当有与产品品种、数量相适应的食品原料处理、加工、包装、贮存等厂房或场所；

　　（三）应当有相应的消毒、更衣、盥洗、采光、照明、通风、防腐、防尘、防蝇、防鼠、洗涤、污水排放、存放垃圾和废弃物的设施；

　　（四）设备布局和工艺流程应当合理，防止待加工食品与直接入口食品、原料与成品交叉污染，食品不得接触有毒物、不洁物；

　　（五）餐具、饮具和盛放直接入口食品的容器，使用前必须洗净、消毒，炊具、用具用后必须洗净，保持清洁；

　　（六）贮存、运输和装卸食品的容器包装、工具、设备和条件必须安全、无害，保持清洁，防止食品污染；

　　（七）直接入口的食品应当有小包装或者使用无毒、清洁的包装材料；

　　（八）食品生产经营人员应当经常保持个人卫生，生产、销售食品时，必须将手洗净，穿戴清洁的工作衣、帽；销售直接入口食品时，必须使用售货工具；

　　（九）用水必须符合国家规定的城乡生活饮用水卫生标准；

　　（十）使用的洗涤剂、消毒剂应当对人体安全、无害。

　　对食品摊贩和城乡集市贸易食品经营者在食品生产经营过程中的卫生要求，由省、自治区、直辖市人民代表大会常务委员会根据本法作出具体规定。

　　又如《食品卫生法》（已废止）的第九条规定，禁止生产经营下列食品：

（一）腐败变质、油脂酸败、霉变、生虫、污秽不洁、混有异物或者其他感官性状异常，可能对人体健康有害的；

（二）含有毒、有害物质或者被有毒、有害物质污染，可能对人体健康有害的；

（三）含有致病性寄生虫、微生物的，或者微生物毒素含量超过国家限定标准的；

（四）未经兽医卫生检验或者检验不合格的肉类及其制品；

（五）病死、毒死或者死因不明的禽、畜、兽、水产动物等及其制品；

（六）容器包装污秽不洁、严重破损或者运输工具不洁造成污染的；

（七）掺假、掺杂、伪造，影响营养、卫生的；

（八）用非食品原料加工的，加入非食品用化学物质的或者将非食品当作食品的；

（九）超过保质期限的；

（十）为防病等特殊需要，国务院卫生行政部门或者省、自治区、直辖市人民政府专门规定禁止出售的；

（十一）含有未经国务院卫生行政部门批准使用的添加剂的或者农药残留超过国家规定容许量的；

（十二）其他不符合食品卫生标准和卫生要求的。

又如，《食品卫生法》第十条：

食品不得加入药物，但是按照传统既是食品又是药品的作为原料、调料或者营养强化剂加入的除外。

虽然《食品卫生法》已终止，但实际上上述内容仍在使用和执行。因为种种原因导致执行监管不力，致使当前食品安全事故时有发生。从某些案例来看，实际上退回到《食品卫生法》规定的阶段去了，这是倒退，现在有的人仍在打"擦边球"，值得警惕，但法律不会容许这种现象继续存在下去。

2.什么叫社会共治？

社会共治是此次《食品安全法》新增加的一个重要原则，也是一个宣传亮点，社会共治的提出，大概有以下几个因素：

（1）我国现阶段食品企业呈现数量多、规模小、分布散、集约化程度低的样态。

（2）我国食品安全监管能力明显不足，短期内基层管理也难有明显起色。

（3）世界范围社会管理系统理论认识深化。

（4）十八大以来党和政府对社会共治提出了明确要求。

以上因素表明：从传统的管治走向社会共治是食品安全治理的必要选择，而起好步、转好身、走好路，"法治国家、法治政府、法治社会一体建设"是根本保障。党的十八届三中全会关于全面深化改革总目标提出了推进国家治理法治化。十八届四中全会对全面推进依法治国作出的重要战略部署也充分表明，法治是实现食品安全社会共治的根本之道。

食品安全是世界性的难题，是千百万人民的事业，只有在亿万群众真正动员起来，关注并参与监督的情况下，才能真正解决。

第四条　食品生产经营者对其生产经营食品的安全负责。

食品生产经营者应当依照法律、法规和食品安全标准从事生产经营活动，保证食品安全，诚信自律，对社会和公众负责，接受社会监督，承担社会责任。

【比较说明】本条是2009年版第三条的扩充，即增加了一句话："食品生产经营者对其生产经营食品的安全负责。"法条的第二款与2009年版第三条完全吻合。我们应该注意：

1.《食品安全法》修订草案明确了"第一责任人"，有的地方叫作"总管家"。第一责任人要承担四个责任：

（1）对其生产经营活动承担管理责任；

（2）对其生产经营的食品承担安全责任；

（3）对其生产经营的食品造成的人身、财产或其他损害承担赔偿责任；

（4）对社会造成严重危害的，依法承担其他法律责任。

当前，人们对于食品安全问题之所以还不满意，原因很多。其中之一是过去法律没有第一责任人的制度，致使出现问题无人负责（更不要说问责）。上面是"九龙治水"，出了事情相互推诿，下面是猫捉老鼠，能躲就躲，能藏就藏，能走关系的走关系，讲人情，大事化小，小事化了。现在有一个"食品安全第一责任人"，责任落实到人，而且明确，使人们看到了食品安全的希望和出路，大大前进了一步。当然，2015年版《食品安全法》已经取消了这一提法。

2.法条还强调食品生产经营者要"诚信自律"，保证食品安全。大多数人认为，当前我国食品安全形势依然严峻，绝大多数情况下，食品安全问题是靠伦理道德约束的，法律法规也只有在道德被提升为人们的内心信念和行为标准时，才能有效实施。"法德并济"是必要的。当然，问题要落实到道德体系建设的途径和方法，包括制定食品伦理道德规范，强化道德规范教育，树立道德楷模，强化舆论宣传，培育企业自我监督机制，利用利益机制调控，建立企业的信用系统等。

第五条　国务院设立食品安全委员会，其职责由国务院规定。

国务院食品药品监督管理部门依照本法和国务院规定的职责，对食品生产经营活动实施监督管理。

国务院卫生行政部门依照本法和国务院规定的职责，组织开展食品安全风险监测和风险评估，会同国务院食品药品监督管理部门制定并公布食品安全国家标准。

国务院其他有关部门依照本法和国务院规定的职责，承担有关食品安全工作。

【比较说明】本法条与2009年版第四条基本吻合，区别仅仅是第四款，将"国务院质量监督、工商行政管理和国家食品药品监督管理部门依照本法和国务院规定的职责，分别对食品生产、食品流通、餐饮服务活动实施监督管理"，改成"国务院其他有关部门依照本法和国务院规定的职责，承担有关食品安全工作"，其他内容实际上是完全一致的。

食品安全关系到广大人民群众的身体健康和生命安全，本条分四款对我国的食品安全监督管理体制作了规定。我们可以注意以下几点：

1. 由国务院设立食品安全委员会作为高层次的议事协调机构，协调、指导食品安全监督工作。

2. 规定了国务院食品药品监督管理部门负责对食品生产活动实施监督管理，并承担国务院食品安全委员会的日常工作。

3. 规定了国务院卫生行政部门负责食品安全风险监测与风险评估，制定并公布食品安全国家标准的职责。这将包括食品安全标准规定、食品安全信息公布、食品检验机构的资质认定条件和检验规范的制定，组织查处食品安全重大事故等方面食品安全信息协调职责。

4. 规定了食品安全分段监管的体制（国务院其他有关部门），如国务院质量监督部门负责食品生产加工环节的监督管理；国务院工商行政管理部门负责食品流通环节的监督管理；国家食品药品监督管理部门负责对餐饮服务实施监督管理。这是由于食品安全监督管理的链条比较长，从农田到餐桌的全程监管工作单独由一个部门承担可能会力不从心，由几个部门按照职责分工共同监管，可以发挥其各自领域的优势并形成合力，达到有效监管的目标。当然，在这个过程如何解决好交叉执法、重复执法以及有时出现相互推诿、监管不力的现象也必须引起重视。

第六条 县级以上地方人民政府对本行政区域的食品安全监督管理工作负责，统一领导、组织、协调本行政区域的食品安全监督管理工作以及食品安全突发事件应对工作，建立健全食品安全全程监督管理工作机制和信息共享机制。

县级以上地方人民政府依照本法和国务院的规定，确定本级食品药品监督管理、卫生行政部门和其他有关部门的职责。有关部门在各自职责范围内负责本行政区域的食品安全监督管理工作。

县级人民政府食品药品监督管理部门可以在乡镇或者特定区域设立派出机构。

【比较说明】此法条与2009年版法条第五条大致相同，都是讲地方政府的职责。本法条还进一步明确县级人民政府食品药品监督管理部门可以在乡镇或者特定区域设立食品药品监督管理派出机构。目前，一些地方食品药品安全监管部门在监管职责的划分上与国务院有关部门管理的职责不完全对口，这样不利于政令畅通，不利于国务院有关部门和县级以上地方人民政府有关部门依法履职。

第七条 县级以上地方人民政府实行食品安全监督管理责任制。上级人民政府负责对下一级人民政府的食品安全监督管理工作进行评议、考核。县级以上地方人民政府负责对本级食品药品监督管理部门和其他有关部门的食品安全监督管理工作进行评议、考核。

【比较说明】这是新增加的内容，2009年版法条第七条讲的是食品行业协会应加强行业自律。

第八条 县级以上人民政府应当将食品安全工作纳入本级国民经济和社会发展规划，将食品安全工作经费列入本级政府财政预算，加强食品安全监督管理能力建设，为食品安全工作提供保障。

县级以上人民政府食品药品监督管理部门和其他有关部门应当加强沟通、密切配合，按照各自职责分工，依法行使职权，承担责任。

【比较说明】这是新增加的内容，2009年版法条第八条讲的是社会团体的问题。

第九条 食品行业协会应当加强行业自律，按照章程建立健全行业规范和奖惩机制，提供食品安全信息、技术等服务，引导和督促食品生产经营者依法生产经营，推动行业诚信建设，宣传、普及食品安全知识。

消费者协会和其他消费者组织对违反本法规定，损害消费者合法权益的行为，依法进行社会监督。

【比较说明】本法条与2009年版法条第七条有点相似，但是内容更加明确，职责更加分明，同时又提到了"消费者协会和其他消费者组织对违反本法规定，损害消费者合法权益的行为，依法进行社会监督"。这与《中华人民共和国消费者权益保护法》相关内容对接。当然，如何实现我国消费者的权利，期待立法的细化与实践经验、教训的总结。改革开放以来，我国行业协会发展很快，在提供政策咨询、加强行业自律、促进行业发展、维护企业发展权益等方面发挥了重要作用。目前，我国食品行业协会数量众多，影响较大的国家级食品行业协会有中国食品工业协会、中国食品科学技术学会、中国绿色食品协会、中国食品添加剂和配料协会等。食品行业协会在食品安全管理体制中的作用：1.与政府沟通，将食品行业协会在食品行业的信息传递给政府，为政府完善食品安全管理制度提供服务；2.通过行业自律加强食品行业内部管理制度；3.与消费者沟通，根据消费者的需求不断完善食品行业内部管理制度。依据本条规定，食品行业协会应当加强行业自律，推动行业诚信建设，应当积极引导食品生产经营者依法生产经营以及加强对食品安全知识的宣传、普及。

第十条 各级人民政府应当加强食品安全的宣传教育，普及食品安全知识，鼓励社会组织、基层群众性自治组织、食品生产经营者开展食品安全法律、法规以及食品安全标准和知识的普及工作，倡导健康的饮食方式，增强消费者食品安全意识和自我保护能力。

新闻媒体应当开展食品安全法律、法规以及食品安全标准和知识的公益宣传，并对食品安全违法行为进行舆论监督。有关食品安全的宣传报道应当真实、公正。

【比较说明】这是新增的内容，明确提出：

1.各级人民政府应当加强食品安全的宣传教育，普及食品安全知识。

2.鼓励社会组织、基层群众性自治组织、食品生产经营者开展食品安全法律、法规以及食品安全标准和知识的普及工作，倡导健康的饮食方式，增强消费者食品安全意识和自我保护能力。

社会团体是广大人民群众按照一定的章程，自愿结合在一起的群众性组织，包括以下四类：

（1）广为人知、参加中国人民政治协商会议的工会、妇联、共青团等人民团体；

（2）由国务院机构编制管理机关核定，并经国务院批准予以登记的团体；

（3）机关、团体、企业事业单位内部经本单位批准成立、在本单位内部活动的团体；

（4）依据《社会团体登记管理条例》登记成立的社会团体。村民委员会、居民委员会是农村村民或者城市居民自我管理、自我教育、自我服务的基层群众性自治组织，是基层群众实行民主选举、民主决策、民主管理、民主监督的组织。社会团体、基层群众性自治组织是群众的组织，应当发挥他们密切联系群众的优势，鼓励他们开展食品安全法律、法规以及食品安全标准和知识的普及工作，鼓励他们对食品安全进行社会监督，这对于推动食品安全工作会起到很大的作用。

3. 新闻媒体应当开展食品安全法律、法规以及食品安全标准和知识的公益宣传，并对食品安全违法行为进行舆论监督。

4. 有关食品安全的宣传报道应当真实、公正。

第十一条　国家鼓励和支持开展与食品安全有关的基础研究、应用研究，鼓励和支持食品生产经营者为提高食品安全水平采用先进技术和先进管理规范。

国家对农药的使用实行严格的管理制度，加快淘汰剧毒、高毒、高残留农药，推动替代产品的研发和应用，鼓励使用高效低毒低残留农药。

【比较说明】2009 年版法条与本法条第一款内容有相似之处，本法第二款完全是新增加的内容。

国家通过鼓励和支持与食品安全有关的基础研究和应用研究，可以大大提高我国食品安全的科技攻关能力，为我国食品安全提供强有力的科技支撑。如何体现国家"鼓励和支持"开展与食品安全有关的基础研究和应用研究呢？首先，我国的《科学技术进步法》规定了许多鼓励措施，如该法第十六条规定了"国家设立自然科学基金，资助基础研究和科学前沿探索，培养科学技术人才"。其次，国家政策为食品安全科技创新体系的长期发展提供了有力保障。国务院颁布的《国家中长期科学和技术发展规划纲要》将食品安全列入公共安全领域优先主题，为加快食品安全科技攻关提供了政策保障。

鼓励和支持食品生产经营者为提高食品安全水平采用先进技术和先进管理规范，如鼓励食品生产者实行食品规模化生产和连锁经营、配送；鼓励他们的食品生产经营企业符合良好的生产规范要求，实施危害分析与关键控制点体系，提高食品安全管理水平等。

同时，国家和政府应加大对食品安全有关的基础研究和应用研究的投入。

第十二条　任何组织或者个人有权举报食品安全违法行为，依法向有关部门了解食品安全信息，对食品安全监督管理工作提出意见和建议。

【比较说明】本法条与2009年版法条第十条完全吻合。

第十三条　对在食品安全工作中做出突出贡献的单位和个人，按照国家有关规定给予表彰、奖励。

【比较说明】这是新增加的内容。

第二章　食品安全风险监测和评估

第十四条　国家建立食品安全风险监测制度，对食源性疾病、食品污染以及食品中的有害因素进行监测。

国务院卫生行政部门会同国务院食品药品监督管理、质量监督等部门，制定、实施国家食品安全风险监测计划。

国务院食品药品监督管理部门和其他有关部门获知有关食品安全风险信息后，应当立即核实并向国务院卫生行政部门通报。对有关部门通报的食品安全风险信息以及医疗机构报告的食源性疾病等有关疾病信息，国务院卫生行政部门应当会同国务院有关部门分析研究，认为必要的，及时调整国家食品安全风险监测计划。

省、自治区、直辖市人民政府卫生行政部门会同同级食品药品监督管理、质量监督等部门，根据国家食品安全风险监测计划，结合本行政区域的具体情况，制定、调整本行政区域的食品安全风险监测方案，报国务院卫生行政部门备案并实施。

【比较说明】本法条与2009年版法条第十一条、十二条、十三条精神完全吻合。

1. 据本法及旧法，国家实行食品安全风险监测制度。

2. 食品安全风险监测，是指为了掌握和了解食品安全状况，对食品安全水平进行检验、分析、评价和公告的活动。食品安全风险与监测是政府实施食品安全监督管理的重要手段，承担着为政府提供技术决策、技术服务和技术咨询的重要职能。

3. 食品安全风险监测，主要对三类内容进行监测：食源性疾病、食品污染、食品中的有害因素。

4.食源性疾病是指食品中致病因素进入人体引起的感染性、中毒性等疾病，包括常见的食物中毒、肠道传染病、人畜共患传染病、寄生虫病以及化学性有毒有害物质所引起的疾病。

5.食品污染是指食品及其原料在生产、加工、运输、包装、贮存、销售、烹调等过程中，因农药、废水、污水、各种食品添加剂、病虫害和家畜疾病所引起的污染，以及霉菌病毒引起的食品霉变，运输、包装材料中有毒物质等对食品造成的污染的总称。食品污染可分为生物性污染和化学性污染两大类。

6.食品中的有害因素，包括食品污染物、食品添加剂、食品中天然存在的有害物质、食品加工保藏过程中产生的有害物质。

第十五条　承担食品安全风险监测工作的技术机构应当根据食品安全风险监测计划和监测方案开展监测工作，保证监测数据真实、准确，并按照食品安全风险监测计划和监测方案的要求报送监测数据和分析结果。

食品安全风险监测工作人员有权进入相关食用农产品种植养殖、食品生产经营场所采集样品、收集相关数据。采集样品应当按照市场价格支付费用。

【比较说明】这个法条的内容是新增加的，比较明确地规定了承担食品安全风险监测工作的技术机构及其工作人员的职责、权力和工作规范：

1.首先保证监测数据真实、准确；

2.遵守工作规范；

3.相关工作人员可以进入相关食用农产品种植养殖、食品生产经营场所采集样品，防止报告时弄虚作假；

4.采集样品应当按照市场价格支付费用。

第十六条　食品安全风险监测结果表明可能存在食品安全隐患的，县级以上人民政府卫生行政部门应当及时将相关信息通报同级食品药品监督管理等部门，并报告本级人民政府和上级人民政府卫生行政部门。食品药品监督管理等部门应当组织开展进一步调查。

【比较说明】本法条与2009年版法条精神相符合，主要规定了对食品安全隐患信息的处理：

1.通报相关部门；

2.开展进一步调查。

第十七条　国家建立食品安全风险评估制度，运用科学方法，根据食品安全风险监测信息、科学数据以及有关信息，对食品、食品添加剂、食品相关产品中生物性、化学性和物理性危害因素进行风险评估。

国务院卫生行政部门负责组织食品安全风险评估工作，成立由医学、农业、食品、营养、生物、环境等方面的专家组成的食品安全风险评估专家委员会进行食品安全风险评估。食品安全风险评估结果由国务院卫生行政部门公布。

对农药、肥料、兽药、饲料和饲料添加剂等的安全性评估，应当有食品安全风险评估专家委员会的专家参加。

食品安全风险评估不得向生产经营者收取费用，采集样品应当按照市场价格支付费用。

【比较说明】本法条与2009年版法条第十三条基本吻合。

1. 开展食品安全风险评估是国际通行作法，也是应对日益严峻的食品安全形势的重要经验。食品安全风险评估可以为党和政府（国务院食品安全监管部门）的决策提供科学依据。

2. 食品安全风险评估的过程通常包括危害识别、危害描述、暴露评估及风险描述四个明显不同的阶段。

3. 规定了食品安全风险评估专家委员会的设立及职责和人员组成，我们可以参照农产品质量安全风险评估专家委员会的有关情况进行理解；食品安全风险评估应当运用科学方法，根据食品安全风险监测信息、科学数据以及其他有关信息进行；规定食品安全风险评估不得向企业收取费用，采集的样品应按照市场价格支付费用。上述专家委员会是食品安全法律关系主体之一。

第十八条　有下列情形之一的，应当进行食品安全风险评估：

（一）通过食品安全风险监测或者接到举报发现食品、食品添加剂、食品相关产品可能存在安全隐患的；

（二）为制定或者修订食品安全国家标准提供科学依据需要进行风险评估的；

（三）为确定监督管理的重点领域、重点品种需要进行风险评估的；

（四）发现新的可能危害食品安全因素的；

（五）需要判断某一因素是否构成食品安全隐患的；

（六）国务院卫生行政部门认为需要进行风险评估的其他情形。

【比较说明】这是新增加的内容，是2009年版法条第十四条的扩展，明确提出有六种情形之一的，应当进行食品安全风险评估，比以往笼统的规定大大前进了一步。

第十九条　国务院食品药品监督管理、质量监督、农业行政等部门在监督管理工作中发现需要进行食品安全风险评估的，应当向国务院卫生行政部门提出食品安全风险评估的建议，并提供风险来源、相关检验数据和结论等信息、资料。属于本法第十八条规定情形的，国务院卫生行政部门应当及时进行食品安全风险评估，并向国务院有关部门通报评估结果。

【比较说明】这是新增加的内容，主要讲食品安全风险评估的程序。

第二十条　省级以上人民政府卫生行政、农业行政部门应当及时相互通报食品、食用农产品安全风险监测信息。

国务院卫生行政、农业行政部门应当及时相互通报食品、食用农产品安全风险评估结果等信息。

【比较说明】这是新增加的内容，规定国务院相关部门应相互通报安全风险评估结果等信息。省级以上相关部门应及时通报食品、食用农产品安全风险监测信息。

第二十一条　食品安全风险评估结果是制定、修订食品安全标准和实施食品安全监督管理的科学依据。

经食品安全风险评估，得出食品、食品添加剂、食品相关产品不安全结论的，国务院食品药品监督管理、质量监督等部门应当依据各自职责立即向社会公告，告知消费者停止食用或者使用，并采取相应措施，确保该食品、食品添加剂、食品相关产品停止生产经营；需要制定、修订相关食品安全国家标准的，国务院卫生行政部门应当会同国务院食品药品监督管理部门立即制定、修订。

【比较说明】本法条与2009年版法条第十六条相吻合。

应该确认食品安全风险评估结果具有较高的权威性、科学性和可信性，理应在制定、修订食品安全标准和对食品安全实施监督管理中发挥重大作用。

1.食品安全风险评估结果应当作为制定、修改食品安全标准的科学依据。制定食品安全标准应当充分考虑食品安全风险评估结果，广泛听取食品生产经营者和消费者的意见。修订食品安全标准也应当把食品安全风险评估结果作为科学依据，才能真正保障食品安全。

2.食品安全风险评估结果应当作为实施食品安全监督管理的科学依据。具体体现在以下三个监管部门的工作中：

（1）食品安全风险评估结果得出食品不安全结论的，国务院质量监督部门应当依据职责立即采取相应措施，例如要求食品生产者召回不安全食品；

（2）工商行政管理部门应当依据职责立即采取相应措施，例如要求食品经营者停止不安全食品（下架）；

（3）国家食品药品监督管理部门应当依据职责立即采取相应措施，例如告知消费者停止食用，而且这三个环节上监管部门的工作都不是孤立的，各个监管部门要各自负责且要相互协作。关于食品召回制度也与此有关。

第二十二条　国务院食品药品监督管理部门应当会同国务院有关部门，根据食品安全风险评估结果、食品安全监督管理信息，对食品安全状况进行综合分析。对经综合分析表明可能具有较高程度安全风险的食品，国务院食品药品监督管理部门应当及时提出食品安全风险警示，并向社会公布。

【比较说明】本法条与2009年版法条第十七条精神基本吻合。

1. 行政管理的高效率必须建立在统筹规划、把握全局的基础上，对于食品安全监督管理部门而言，除了要进行具体的、日常的食品安全监督管理之外，还要注意及时总结经验，对食品安全状况进行综合分析，还要能够在进行更大范围的信息汇总分析的过程中发现可能具有较高程度安全风险的食品，进而提出食品安全风险警示，并予以公示。

2. 法律上规定的"可能具有较高程度安全风险的食品"是本着对人民群众生命健康权利负责的精神。对于具有较高程度安全风险的食品，国务院卫生行政部门应当及时发布食品安全风险警示，使食品生产经营企业和消费者引起重视，有利于提高生产经营安全食品的整体水平，加强对风险食品的监督、预防以及控制食品安全事故的发生，但在实践中一定要把握好"度"，发布食品安全警示要尽量避免引起消费者恐慌，尽量避免给其他遵纪守法的食品生产经营者造成不利影响，这就要求国务院卫生行政部门慎重从事，发布食品安全风险警示在及时、迅速的同时力求做到客观、准确。这样才能尽到食品安全监管职责，真正做到保障公众对食品安全信息的知情权。

第二十三条　县级以上人民政府食品药品监督管理部门和其他有关部门、食品安全风险评估专家委员会及其技术机构，应当按照科学、客观、及时、公开的原则，组织食品生产经营者、食品检验机构、认证机构、食品行业协会、消费者协会以及新闻媒体等，就食品安全风险评估信息和食品安全监督管理信息进行交流沟通。

【比较说明】这是新增加的内容。要求县级以上食品药品监管部门，按照科学、客观、及时、公开的原则，组织食品生产经营者、食品检验机构、认证机构、食品行业协会、消费者协会以及新闻媒体，就食品安全风险评估信息和食品安全监督管理信息进行交流沟通。

原则有了，关键在落实，在当前形势下，真正落实这一条，难度相当大。

第三章　食品安全标准

第二十四条　制定食品安全标准，应当以保障公众身体健康为宗旨，做到科学合理、安全可靠。

【比较说明】本法条与2009年版法条第十八条完全吻合。这是制定食品安全标准的目的、宗旨。

1.食品安全标准，是指为了保证食品安全，对食品生产经营过程中影响食品安全的各种要素以及各关键环节所规定的统一技术要求。

2.制定食品安全标准应当以保障公众身体健康为宗旨，而不能以制定食品安全标准为手段限制市场竞争，实现行业垄断，实行地方保护或者谋取部门利益。

随着社会的进步，科技的发展，食品安全标准的内容也会不断地变动。

第二十五条　食品安全标准是强制执行的标准。除食品安全标准外，不得制定其他食品强制性标准。

【比较说明】本法条与2009年版法条第十九条完全吻合。

标准分为强制性标准和推荐性标准。保障人体健康、人身、财产安全的标准和法律法规规定强制执行的标准是强制性标准，其他标准是推荐性标准。食品生产经营者、检验机构以及监管部门必须执行食品安全强制性标准。

为了解决目前一种食品有食品卫生标准、食品质量标准等多套标准问题，从制度上确保食品安全标准的统一，本法规定，除食品安全标准外，不得制定其他的食品强制性标准。

第二十六条　食品安全标准应当包括下列内容：

（一）食品、食品添加剂、食品相关产品中的致病性微生物，农药残留、兽药残留、生物毒素、重金属等污染物质以及其他危害人体健康物质的限量规定；

（二）食品添加剂的品种、使用范围、用量；

（三）专供婴幼儿和其他特定人群的主辅食品的营养成分要求；

（四）对与卫生、营养等食品安全要求有关的标签、标志、说明书的要求；

（五）食品生产经营过程的卫生要求；

（六）与食品安全有关的质量要求；

（七）与食品安全有关的食品检验方法与规程；

（八）其他需要制定为食品安全标准的内容。

【比较说明】本法条与2009年法条第二十条完全吻合。

本法条列举了八项需要制定食品安全标准的内容。

1. 对致病性微生物、农药残留等危害人体健康的物质禁止人为添加到食品中，但是由于生产过程、环境污染等原因会或多或少进入食品中，最终进入人体。人体摄入的危害物质超过一定含量，就会危害人体健康，因此，必须规定一个保障人体健康允许的最大值。

2. 滥用食品添加剂会严重危害人体健康，必须严格限定其品种、使用范围和用量。

3. 婴幼儿和其他特定人群的主辅食品的营养成分有特殊要求，必须搭配科学。

4. 食品的标签、标志、说明书中的许多内容都直接或间接关系到消费者食用时的安全，应当符合一定的要求。

5. 食品生产经营过程是保证食品安全的重要环节，其中的每个流程都有一定的卫生要求，就这些事项都应当制定食品安全标准。

6. 同样，与食品安全有关的质量要求、食品检验方法与规程以及其他没有明确列举，但是涉及食品安全的事项也需要制定食品安全标准。

第二十七条　食品安全国家标准由国务院卫生行政部门会同国务院食品药品监督管理部门制定、公布，国务院标准化行政部门提供国家标准编号。

食品中农药残留、兽药残留的限量规定及其检验方法与规程由国务院卫生行政部门、国务院农业行政部门会同国务院食品药品监督管理部门制定。

屠宰畜、禽的检验规程由国务院农业行政部门会同国务院卫生行政部门制定。

【比较说明】本法条与2009年版法条第二十一条基本吻合。

食品安全国家标准由国务院卫生行政部门负责制定、公布。国务院标准化行政部门提供国家标准编号。本法改变了以往食品卫生国家标准由国务院标准化行政部门和国务院卫生行政部门联合发布的公布方式，更有利于食品安全国家标准的及时发布和责任主体的明确，但是为了保证国家标准编号的统一和连续，食品安全国家标准的编号仍然由国务院标准化行政部门负责提供。

食品安全标准贵在落实，不要满足于写在纸上，贴在墙上，说在嘴上。

第二十八条 制定食品安全国家标准，应当依据食品安全风险评估结果并充分考虑食用农产品安全风险评估结果，参照相关的国际标准和国际食品安全风险评估结果，并将食品安全国家标准草案向社会公布，广泛听取食品生产经营者、消费者、有关部门等方面的意见。

食品安全国家标准应当经国务院卫生行政部门组织的食品安全国家标准审评委员会审查通过。食品安全国家标准审评委员会由医学、农业、食品、营养、生物、环境等方面的专家以及国务院有关部门、食品行业协会、消费者协会的代表组成，对食品安全国家标准草案的科学性和实用性等进行审查。

【比较说明】本法条在 2009 年版法条的基础上有所扩充。制定食品安全国家标准要经过审慎的程序，汇总各方面的信息，进行综合分析：一是依据食品安全风险评估结果，并充分考虑食用农产品质量安全风险评估结果；二是参照相关的国际标准和国际食品安全评估结果，但也要考虑我国现实情况，不可盲目照搬；三是广泛听取食品生产经营者和消费者的意见。

第二十九条 对地方特色食品，没有食品安全国家标准的，省、自治区、直辖市人民政府卫生行政部门可以制定并公布食品安全地方标准，报国务院卫生行政部门备案。食品安全国家标准制定后，该地方标准即行废止。

【比较说明】本法条与 2009 年版法条第二十四条基本吻合。

1. 没有食品国家标准的情形主要有以下两种：

（1）需要制定相应的国家标准，但由于技术要求或者制定程序等原因，尚未制定国家标准。

（2）对一些地方特色食品，由于生产、流通、食用限制在一定区域范围内，尚不需要制定国家标准。

2. 制定食品安全地方标准的条件，除应当符合食品安全国家标准的要求外，还应当具有充分的必要性和可行性；该食品在当地具有一定的普遍性，与当地经济社会发展、群众生活紧密相关，并且有着明确的技术内容和必要的保障措施，并经与相关部门、相关行业等多方研究协调，形成制定食品安全地方标准的一致意见，避免不必要的资源浪费。

第三十条　国家鼓励食品生产企业制定严于食品安全国家标准或者地方标准的企业标准，在本企业适用，并报省、自治区、直辖市人民政府卫生行政部门备案。

【比较说明】本法条与2009年版法条第二十五条基本吻合。

1.食品安全企业标准是生产食品的企业自己制定的，作为企业组织生产的依据，在企业内部适用的食品安全标准，属于企业标准的范围。

2.企业生产的食品没有食品安全国家标准或者地方标准的，应当制定企业标准。

3.已有食品国家标准或者地方标准的可以制定严于食品安全国家标准或者地方标准的企业标准。目前，国家对此采取鼓励而非强制的态度。

4.食品安全企业标准不管有无相应的国家标准或者地方标准，都应该报省级卫生行政部门备案，在本企业内部适用。

对于企业标准的制定，国家食品监管部门能否进一步发挥作用，是可以研讨的问题。

第三十一条　省级以上人民政府卫生行政部门应当在其网站上公布制定和备案的食品安全国家标准、地方标准和企业标准，供公众免费查阅、下载。

对食品安全标准执行过程中的问题，县级以上人民政府卫生行政部门应当会同有关部门及时给予指导、解答。

【比较说明】本法条是2009年版法条的扩充。

卫生行政部门违反本法条规定，向公众收取查阅信息费用的，应当依照《政府信息公开条例》的有关规定进行处罚。

第三十二条　省级以上人民政府卫生行政部门应当会同同级食品药品监督管理、质量监督、农业行政等部门，分别对食品安全国家标准和地方标准的执行情况进行跟踪评价，并根据评价结果及时修订食品安全标准。

省级以上人民政府食品药品监督管理、质量监督、农业行政等部门应当对食品安全标准执行中存在的问题进行收集、汇总，并及时向同级卫生行政部门通报。

食品生产经营者、食品行业协会发现食品安全标准在执行中存在问题的，应当立即向卫生行政部门报告。

【比较说明】这是新增加的内容，要求有关部门对执行情况进行跟踪评价，收集、汇总与报告执行食品安全标准过程中存在的问题。

第四章　食品生产经营

第一节　一般规定

第三十三条　食品生产经营应当符合食品安全标准，并符合下列要求：

（一）具有与生产经营的食品品种、数量相适应的食品原料处理和食品加工、包装、贮存等场所，保持该场所环境整洁，并与有毒、有害场所以及其他污染源保持规定的距离；

（二）具有与生产经营的食品品种、数量相适应的生产经营设备或者设施，有相应的消毒、更衣、盥洗、采光、照明、通风、防腐、防尘、防蝇、防鼠、防虫、洗涤以及处理废水、存放垃圾和废弃物的设备或者设施；

（三）有专职或者兼职的食品安全专业技术人员、食品安全管理人员和保证食品安全的规章制度；

（四）具有合理的设备布局和工艺流程，防止待加工食品与直接入口食品、原料与成品交叉污染，避免食品接触有毒物、不洁物；

（五）餐具、饮具和盛放直接入口食品的容器，使用前应当洗净、消毒，炊具、用具用后应当洗净，保持清洁；

（六）贮存、运输和装卸食品的容器、工具和设备应当安全、无害，保持清洁，防止食品污染，并符合保证食品安全所需的温度、湿度等特殊要求，不得将食品与有毒、有害物品一同贮存、运输；

（七）直接入口的食品应当使用无毒、清洁的包装材料、餐具、饮具和容器；

（八）食品生产经营人员应当保持个人卫生，生产经营食品时，应当将手洗净，穿戴清洁的工作衣、帽等；销售无包装的直接入口食品时，应当使用无毒、清洁的容器、售货工具和设备；

（九）用水应当符合国家规定的生活饮用水卫生标准；

（十）使用的洗涤剂、消毒剂应当对人体安全、无害；

（十一）法律、法规规定的其他要求。

非食品生产经营者从事食品贮存、运输和装卸的，应当符合前款第六项的规定。

【比较说明】本法条与2009年版法条第二十七条完全吻合。这是关于食品生产经营中卫生要求的规定。

关于食品生产经营中的要求，首先是要符合食品安全标准，按照食品安全标准进行生产经营是本法对食品生产经营最基本、最核心的要求。除此之外，还必须做到上述要求，这些要求曾在《食品卫生法》中作了明确规定，本法在这里加以重申。

第三十四条　禁止生产经营下列食品、食品添加剂、食品相关产品：

（一）用非食品原料生产的食品或者添加食品添加剂以外的化学物质和其他可能危害人体健康物质的食品，或者用回收食品作为原料生产的食品；

（二）致病性微生物，农药残留、兽药残留、生物毒素、重金属等污染物质以及其他危害人体健康的物质含量超过食品安全标准限量的食品、食品添加剂、食品相关产品；

（三）用超过保质期的食品原料、食品添加剂生产的食品、食品添加剂；

（四）超范围、超限量使用食品添加剂的食品；

（五）营养成分不符合食品安全标准的专供婴幼儿和其他特定人群的主辅食品；

（六）腐败变质、油脂酸败、霉变生虫、污秽不洁、混有异物、掺假掺杂或者感官性状异常的食品、食品添加剂；

（七）病死、毒死或者死因不明的禽、畜、兽、水产动物肉类及其制品；

（八）未按规定进行检疫或者检疫不合格的肉类，或者未经检验或者检验不合格的肉类制品；

（九）被包装材料、容器、运输工具等污染的食品、食品添加剂；

（十）标注虚假生产日期、保质期或者超过保质期的食品、食品添加剂；

（十一）无标签的预包装食品、食品添加剂；

（十二）国家为防病等特殊需要明令禁止生产经营的食品；

（十三）其他不符合法律、法规或者食品安全标准的食品、食品添加剂、食品相关产品。

【比较说明】本法条与2009年版法条第二十八条基本吻合。

第三十五条　国家对食品生产经营实行许可制度。从事食品生产、食品销售、餐饮服务，应当依法取得许可。但是，销售食用农产品，不需要取得许可。

县级以上地方人民政府食品药品监督管理部门应当依照《中华人民共和国行政许可法》的规定，审核申请人提交的本法第三十三条第一款第一项至第四项规定要求的相关资料，必要时对申请人的生产经营场所进行现场核查；

对符合规定条件的，准予许可；对不符合规定条件的，不予许可并书面说明理由。

【比较说明】本法条与2009年版法条第二十九条基本吻合，明文规定国家对食品生产经营实行许可制度。

1. 行政许可是指在法律一般禁止的情况下，行政主体根据行政相对人的申请，通过颁发许可证或执照等形式，依法赋予特定的行政相对方从事某种活动或某种行为的权利或资格的行政行为。

2. 本条本着精简行政许可的精神，对一些情况作了特殊规定，如取得食品生产许可证的食品生产者在其生产场所销售其生产的食品，不需要取得食品流通的许可；又如取得餐饮服务许可的餐饮服务提供者在其餐饮服务场所出售其制作加工的食品，不需要取得食品生产和流通的许可；再如农民个人销售其自产的食用农产品，不需要取得食品流通的许可。

第三十六条 食品生产加工小作坊和食品摊贩等从事食品生产经营活动，应当符合本法规定的与其生产经营规模、条件相适应的食品安全要求，保证所生产经营的食品卫生、无毒、无害，食品药品监督管理部门应当对其加强监督管理。

县级以上地方人民政府应当对食品生产加工小作坊、食品摊贩等进行综合治理，加强服务和统一规划，改善其生产经营环境，鼓励和支持其改进生产经营条件，进入集中交易市场、店铺等固定场所经营，或者在指定的临时经营区域、时段经营。

食品生产加工小作坊和食品摊贩等的具体管理办法由省、自治区、直辖市制定。

【比较说明】本法条与2009年版第二十九、三十条相关内容精神基本吻合，要求对食品生产加工小作坊和食品摊贩加强监管。

食品生产加工小作坊，一般是指固定从业人员较少，有固定的生产场所，生产条件简单，从事传统、低风险食品生产加工的没有取得食品生产许可证的生产单位和个人。一些小作坊由于生产条件简陋、生产隐蔽、食品安全监管难度大等而成为食品事故的多发区，历来是食品安全监管工作的难点之一。食品监管相对薄弱，既不能都实现许可，又不能放任不管。另外，小作坊和摊贩具有地域性。因此，本法一方面规定小作坊和摊贩从事生产经营活动应当符合法律规定的与其生产经营规模、条件相适应的食品生产安全要求，有关部门应当对其加强监管；另一方面，授权地方人大常务委员会根据本地实际情况制定对食品生产加工小作坊和摊贩的管理办法。

食品生产加工小作坊，有必要采取一系列切实有效的监管制度：

1. 实施生产报告制度；

2. 严格实施添加物质备案；

3. 加强日常巡查，在监管过程中发现问题应当及时有效予以处理。

第三十七条　利用新的食品原料生产食品，或者生产食品添加剂新品种、食品相关产品新品种，应当向国务院卫生行政部门提交相关产品的安全性评估材料。国务院卫生行政部门应当自收到申请之日起六十日内组织审查；对符合食品安全要求的，准予许可并公布；对不符合食品安全要求的，不予许可并书面说明理由。

【比较说明】这是新增加的内容。利用新的食品原料生产食品，或者生产食品添加剂新品种，应向有关部门提交相关产品安全性评估材料，其精神与原法第四十四条吻合。

第三十八条　生产经营的食品中不得添加药品，但是可以添加按照传统既是食品又是中药材的物质。按照传统既是食品又是中药材的物质目录由国务院卫生行政部门会同国务院食品药品监督管理部门制定、公布。

【比较说明】本法条与2009年版法条第五十条吻合，这涉及传统文化药食同源的项目。

第三十九条　国家对食品添加剂生产实行许可制度。从事食品添加剂生产，应当具有与所生产食品添加剂品种相适应的场所、生产设备或者设施、专业技术人员和管理制度，并依照本法第三十五条第二款规定的程序，取得食品添加剂生产许可。

生产食品添加剂应当符合法律、法规和食品安全国家标准。

【比较说明】本法条与2009年版法条第四十三条大致吻合，内容有所增加。

1. 本法条规定实行食品添加剂生产许可制度。

2. 食品添加剂指为了改善食品的色、香、味以及为了防腐、保鲜和加工工艺的需要而加入食物中的人工合成或者天然物质。在食品生产中使用食品添加剂，可以防止食物的生物污染、预防食品腐败变质的发生；有益于改善食品的处理状况、风味；满足食品加工工艺的需要；增加食品的营养价值等。食品添加剂使用不当或过量使用，将会给身体健康带来危害，因此，加强对食品添剂的管理至关重要。一旦某种食品添加剂出现问题，将不是一个产业或者企业对一小部分消费者的健康造成危害，而是意味着大批下游企业甚至整个行业都受到了影响，同时，广大人民群众的身体健康将受到威胁。

3. 食品添加剂与食品的用途、性质存在较大不同，与工业产品更为接近。因此，本条规定申请食品添加剂的条件、程序，按照有关工业产品生产许可证管理的规定执行。

第四十条　食品添加剂应当在技术上确有必要且经过风险评估证明安全可靠，方可列入允许使用的范围；有关食品安全国家标准应当根据技术必要性和食品安全风险评估结果及时修订。

食品生产经营者应当按照食品安全国家标准使用食品添加剂。

【比较说明】本法条与2009年版法条第四十五条吻合，仅增加了第二款。

1. 这是关于允许使用食品添加剂的前提的法律规定。

2. 食品添加剂应当在技术上确有使用必要，也就是说，是满足防腐、营养、加工等技术需要所必不可少的。

3. 由于食品和食品添加剂相关科学技术日新月异，人们的饮食习惯和食品消费观念也在不断发生变化，因此，国务院卫生行政部门应当根据技术必要性和食品安全风险评估结果，及时对食品添加剂的品种、适用范围、用量的标准进行修订。

4. 强调应按照食品安全国家标准使用食品添加剂。当前，滥用食品添加剂已经成为食品安全的一大隐患，必须严加执法，守好这最后一道防线。

第四十一条　生产食品相关产品应当符合法律、法规和食品安全国家标准。对直接接触食品的包装材料等具有较高风险的食品相关产品，按照国家有关工业产品生产许可证管理的规定实施生产许可。质量监督部门应当加强对食品相关产品生产活动的监督管理。

【比较说明】这是新增加的内容。明确提出生产食品相关产品应当符合法律、法规和食品安全国家标准。

用于食品的包装材料和容器，指包装、盛放食品或者食品添加剂用的纸、竹、木、金属、天然纤维、化学纤维、玻璃等制品和直接接触食品或者食品添加剂的涂料。

第四十二条　国家建立食品安全全程追溯制度。

食品生产经营者应当依照本法的规定，建立食品安全追溯体系，保证食品可追溯。国家鼓励食品生产经营者采用信息化手段采集、留存生产经营信息，建立食品安全追溯体系。

国务院食品药品监督管理部门会同国务院农业行政等有关部门建立食品安全全程追溯协作机制。

【比较说明】这是新增加的内容。明确国家建立食品安全全程追溯制度，并鼓励食品生产经营者采取信息化手段采集、留存生产经营信息，建立食品安全追溯体系。同时，要求食品药品监督管理部门会同有关部门建立食品安全全程追溯协作机制。

第四十三条 地方各级人民政府应当采取措施鼓励食品规模化生产和连锁经营、配送。

国家鼓励食品生产经营企业参加食品安全责任保险。

【比较说明】本法条与2009年版法条第五十六条基本相符，增加了第二款。由于我国还处在社会主义初级阶段，有的条件暂时还不具备，因此，国家采取"鼓励"的办法，而不是强求一律必须搞规模化生产和连锁经营、配送，国家还鼓励生产企业参加食品安全责任保险。

第二节 生产经营过程控制

第四十四条 食品生产经营企业应当建立健全食品安全管理制度，对职工进行食品安全知识培训，加强食品检验工作，依法从事生产经营活动。

食品生产经营企业的主要负责人应当落实企业食品安全管理制度，对本企业的食品安全工作全面负责。

食品生产经营企业应当配备食品安全管理人员，加强对其培训和考核。经考核不具备食品安全管理能力的，不得上岗。食品药品监督管理部门应当对企业食品安全管理人员随机进行监督抽查考核并公布考核情况。监督抽查考核不得收取费用。

【比较说明】本法条在2009年版法条第三十二条内容的基础上有所扩充。特别强调食品生产经营企业应当配备食品安全管理人员，加强培训和考核，经考核不具备安全管理能力的，不得上岗。

第四十五条 食品生产经营者应当建立并执行从业人员健康管理制度。患有国务院卫生行政部门规定的有碍食品安全疾病的人员，不得从事接触直接入口食品的工作。

从事接触直接入口食品工作的食品生产经营人员应当每年进行健康检查，

取得健康证明后方可上岗工作。

【比较说明】本法条与2009年版法条第三十四条基本吻合。

1. 为了预防传染病的传播，避免由于食品污染引起的食源性疾病及食物中毒事件，保证消费者的身体健康，食品生产经营者建立并执行从业人员健康管理制度是必要的。从业健康人员管理制度一般包括：每年进行健康检查，取得健康证明后方能上岗；食品生产经营者为员工建立健康档案；管理人员负责组织本单位员工的健康检查；员工患病及时申报等。

2. 为了防止由于食品从业人员的原因而造成传染病的发生，本法条延续了原《食品卫生法》的规定，对患有某些特定疾病的人，禁止其从事直接接触、直接入口食品的工作。

3. 所谓某些特定疾病，一般指痢疾、伤寒、病毒性肝类等消化传染病以及活动性肺结核、化脓性或者渗出性皮肤病等有碍食品安全的疾病。

4. "不得从事接触直接入口食品工作"的人员可以从事其他工作，如商场、超市的上货员、收银员、仓库管理员、保安、文秘等。

第四十六条 食品生产企业应当就下列事项制定并实施控制要求，保证所生产的食品符合食品安全标准：

（一）原料采购、原料验收、投料等原料控制；

（二）生产工序、设备、贮存、包装等生产关键环节控制；

（三）原料检验、半成品检验、成品出厂检验等检验控制；

（四）运输和交付控制。

【比较说明】这是新增加的内容，当然基本精神在以往法律法规中均有体现。真正做到这一点，难度极大。

第四十七条 食品生产经营者应当建立食品安全自查制度，定期对食品安全状况进行检查评价。生产经营条件发生变化，不再符合食品安全要求的，食品生产经营者应当立即采取整改措施；有发生食品安全事故潜在风险的，应当立即停止食品生产经营活动，并向所在地县级人民政府食品药品监督管理部门报告。

【比较说明】这是新增加的内容。现阶段食品企业呈现数量多、规模小、分布散、集约化程度低的样态，要落实本法条要求难度极大，更不要说，我国食品安全监管能力明显不足，短期内基层监管能力也难有明显起色。

第四十八条 国家鼓励食品生产经营企业符合良好生产规范要求，实施危害分析与关键控制点体系，提高食品安全管理水平。

对通过良好生产规范、危害分析与关键控制点体系认证的食品生产经营企业，认证机构应当依法实施跟踪调查；对不再符合认证要求的企业，应当依法撤销认证，及时向县级以上人民政府食品药品监督管理部门通报，并向社会公布。认证机构实施跟踪调查不得收取费用。

【比较说明】这是新增加的内容。

第四十九条　食用农产品生产者应当按照食品安全标准和国家有关规定使用农药、肥料、兽药、饲料和饲料添加剂等农业投入品，严格执行农业投入品使用安全间隔期或者休药期的规定，不得使用国家明令禁止的农业投入品。禁止将剧毒、高毒农药用于蔬菜、瓜果、茶叶和中草药材等国家规定的农作物。

食用农产品的生产企业和农民专业合作经济组织应当建立农业投入品使用记录制度。

县级以上人民政府农业行政部门应当加强对农业投入品使用的监督管理和指导，建立健全农业投入品安全使用制度。

【比较说明】这是新增加的内容。尤其要注意的是，本法禁止将剧毒、高毒农药用于蔬菜、瓜果、茶叶和中草药材等国家规定的农作物。本法条还提到县级以上人民政府农业行政部门要建立健全农业投入品安全使用制度。

第五十条　食品生产者采购食品原料、食品添加剂、食品相关产品，应当查验供货者的许可证和产品合格证明；对无法提供合格证明的食品原料，应当按照食品安全标准进行检验；不得采购或者使用不符合食品安全标准的食品原料、食品添加剂、食品相关产品。

食品生产企业应当建立食品原料、食品添加剂、食品相关产品进货查验记录制度，如实记录食品原料、食品添加剂、食品相关产品的名称、规格、数量、生产日期或者生产批号、保质期、进货日期以及供货者名称、地址、联系方式等内容，并保存相关凭证。记录和凭证保存期限不得少于产品保质期满后六个月；没有明确保质期的，保存期限不得少于二年。

【比较说明】本法条与2009年版法条第三十六条吻合。总的要求是食品生产企业应当建立食品原料、食品添加剂、食品相关产品进货查验记录制度。

第五十一条　食品生产企业应当建立食品出厂检验记录制度，查验出厂食品的检验合格证和安全状况，如实记录食品的名称、规格、数量、生产日期或者生产批号、保质期、检验合格证号、销售日期以及购货者名称、地址、联系方式等内容，并保存相关凭证。记录和凭证保存期限应当符合本法第五十条第二款的规定。

【比较说明】本法条与 2009 年版法条第三十七条吻合。关键是当下不少食品生产企业未真正建立食品出厂检验记录制度。

第五十二条　食品、食品添加剂、食品相关产品的生产者，应当按照食品安全标准对所生产的食品、食品添加剂、食品相关产品进行检验，检验合格后方可出厂或者销售。

【比较说明】本法条与 2009 年版法条第三十八条吻合。

第五十三条　食品经营者采购食品，应当查验供货者的许可证和食品出厂检验合格证或者其他合格证明（以下称合格证明文件）。

食品经营企业应当建立食品进货查验记录制度，如实记录食品的名称、规格、数量、生产日期或者生产批号、保质期、进货日期以及供货者名称、地址、联系方式等内容，并保存相关凭证。记录和凭证保存期限应当符合本法第五十条第二款的规定。

实行统一配送经营方式的食品经营企业，可以由企业总部统一查验供货者的许可证和食品合格证明文件，进行食品进货查验记录。

从事食品批发业务的经营企业应当建立食品销售记录制度，如实记录批发食品的名称、规格、数量、生产日期或者生产批号、保质期、销售日期以及购货者名称、地址、联系方式等内容，并保存相关凭证。记录和凭证保存期限应当符合本法第五十条第二款的规定。

【比较说明】本法条与 2009 年版法条第三十九条基本吻合。

第五十四条　食品经营者应当按照保证食品安全的要求贮存食品，定期检查库存食品，及时清理变质或者超过保质期的食品。

食品经营者贮存散装食品，应当在贮存位置标明食品的名称、生产日期或者生产批号、保质期、生产者名称及联系方式等内容。

【比较说明】本法条与 2009 年版法条第四十条、第四十一条基本吻合。

第五十五条　餐饮服务提供者应当制定并实施原料控制要求，不得采购不符合食品安全标准的食品原料。倡导餐饮服务提供者公开加工过程，公示食品原料及其来源等信息。

餐饮服务提供者在加工过程中应当检查待加工的食品及原料，发现有本法第三十四条第六项规定情形的，不得加工或者使用。

【比较说明】这是新增加的内容。食品安全从田间到餐桌有许多环节，其中餐饮服务十分重要，必须由法律规范。

第五十六条　餐饮服务提供者应当定期维护食品加工、贮存、陈列等设施、设备；定期清洗、校验保温设施及冷藏、冷冻设施。

餐饮服务提供者应当按照要求对餐具、饮具进行清洗消毒，不得使用未经清洗消毒的餐具、饮具；餐饮服务提供者委托清洗消毒餐具、饮具的，应当委托符合本法规定条件的餐具、饮具集中消毒服务单位。

【比较说明】这是新增加的内容。类似内容过去在《食品卫生法》中出现过。

第五十七条　学校、托幼机构、养老机构、建筑工地等集中用餐单位的食堂应当严格遵守法律、法规和食品安全标准；从供餐单位订餐的，应当从取得食品生产经营许可的企业订购，并按照要求对订购的食品进行查验。供餐单位应当严格遵守法律、法规和食品安全标准，当餐加工，确保食品安全。

学校、托幼机构、养老机构、建筑工地等集中用餐单位的主管部门应当加强对集中用餐单位的食品安全教育和日常管理，降低食品安全风险，及时消除食品安全隐患。

【比较说明】这是新增加的内容。学校、托幼机构、养老机构、建筑工地等集中用餐单位的食堂的食品安全越来越引起人们的重视，因此，政府主管部门应当加强对集中用餐单位的食品安全教育和日常管理，降低食品安全风险，及时消除食品安全隐患。

第五十八条　餐具、饮具集中消毒服务单位应当具备相应的作业场所、清洗消毒设备或者设施，用水和使用的洗涤剂、消毒剂应当符合相关食品安全国家标准和其他国家标准、卫生规范。

餐具、饮具集中消毒服务单位应当对消毒餐具、饮具进行逐批检验，检验合格后方可出厂，并应当随附消毒合格证明。消毒后的餐具、饮具应当在独立包装上标注单位名称、地址、联系方式、消毒日期以及使用期限等内容。

【比较说明】这是新增加的内容。其中涉及餐具、饮具集中消毒服务单位同样应该有操作规范，要符合相关食品安全国家标准和其他国家标准、卫生规范。

第五十九条　食品添加剂生产者应当建立食品添加剂出厂检验记录制度，查验出厂产品的检验合格证和安全状况，如实记录食品添加剂的名称、规格、数量、生产日期或者生产批号、保质期、检验合格证号、销售日期以及购货者名称、地址、联系方式等相关内容，并保存相关凭证。记录和凭证保存期限应当符合本法第五十条第二款的规定。

【比较说明】本法条在2009年版法条第四十五条、第四十六条、第四十七条、第四十八条内容中有所体现。

第六十条　食品添加剂经营者采购食品添加剂，应当依法查验供货者的许可证和产品合格证明文件，如实记录食品添加剂的名称、规格、数量、生产日期或者生产批号、保质期、进货日期以及供货者名称、地址、联系方式等内容，并保存相关凭证。记录和凭证保存期限应当符合本法第五十条第二款的规定。

【比较说明】这是新增加的内容。

第六十一条　集中交易市场的开办者、柜台出租者和展销会举办者，应当依法审查入场食品经营者的许可证，明确其食品安全管理责任，定期对其经营环境和条件进行检查，发现其有违反本法规定行为的，应当及时制止并立即报告所在地县级人民政府食品药品监督管理部门。

【比较说明】本法条与2009年版法条第五十二条大致吻合。明确规定集中交易市场的开办者、柜台出租者和展销会举办者，应当依法审查入场食品经营者的许可证，并定期对其经营和条件进行检查。

第六十二条　网络食品交易第三方平台提供者应当对入网食品经营者进行实名登记，明确其食品安全管理责任；依法应当取得许可证的，还应当审查其许可证。

网络食品交易第三方平台提供者发现入网食品经营者有违反本法规定行为的，应当及时制止并立即报告所在地县级人民政府食品药品监督管理部门；发现严重违法行为的，应当立即停止提供网络交易平台服务。

【比较说明】这是新增加的内容。

网络食品交易是个新鲜事物，法律规定：

1. 对入网食品经营者进行实名登记；

2. 依法取得许可证，应接受审查；

3. 对入网食品经营者严格监管，发现有严重违法行为的，应当立即停止提供网络交易平台服务。

第六十三条　国家建立食品召回制度。食品生产者发现其生产的食品不符合食品安全标准或者有证据证明可能危害人体健康的，应当立即停止生产，召回已经上市销售的食品，通知相关生产经营者和消费者，并记录召回和通知情况。

食品经营者发现其经营的食品有前款规定情形的，应当立即停止经营，通知相关生产经营者和消费者，并记录停止经营和通知情况。食品生产者认为应当召回的，应当立即召回。由于食品经营者的原因造成其经营的食品有前款规定情形的，食品经营者应当召回。

食品生产经营者应当对召回的食品采取无害化处理、销毁等措施，防止其再次流入市场。但是，对因标签、标志或者说明书不符合食品安全标准而被召回的食品，食品生产者在采取补救措施且能保证食品安全的情况下可以继续销售；销售时应当向消费者明示补救措施。

食品生产经营者应当将食品召回和处理情况向所在地县级人民政府食品药品监督管理部门报告；需要对召回的食品进行无害化处理、销毁的，应当提前报告时间、地点。食品药品监督管理部门认为必要的，可以实施现场监督。

食品生产经营者未依照本条规定召回或者停止经营的，县级以上人民政府食品药品监督管理部门可以责令其召回或者停止经营。

【比较说明】本法条与 2009 年版法条第五十三条基本吻合。

1. 食品召回是指食品生产者按照法律规定对由其生产原因造成的某一批次或类别的不安全食品，通过换货、退货、补充或修正消费说明方式，及时消除或减少食品安全危害的活动。

2. 食品召回是一项法律制度，不同于企业根据"三包"规定进行的换退货活动。前者是针对某一批次或者类别的产品，只要是可能存在食品安全隐患，这里不排除其中某些产品是安全的，都要召回。后者针对的是个别产品，如果消费者购买的个别产品有质量问题可按照规定要求换货或退货。

3. 根据本法规定，食品召回分为食品生产者主动召回与监督部门责令召回两种。

主动召回的程序是：

（1）食品生产者发现其生产的食品不符合食品安全标准，应当立即停止生产，召回已经上市销售的食品；

（2）及时通知相关生产经营者停止生产经营，通知消费者停止消费；

（3）记录召回和通知情况；

（4）及时对召回的不安全食品根据具体情况采取补救、无害化处理、销毁等措施；

（5）及时向监管部门报告食品召回和处理情况；

（6）食品经营者发现其经营的食品不符合食品安全标准，应当立即停止经营并通知情况；

（7）县级以上质量监督、工商行政管理部门应当依法对食品生产经营者食品召回和处理或者停止经营的情况进行监督。

责令召回的程序：

（1）县级以上质量监督、工商行政管理部门发现食品生产经营者未按照本法条规定召回或者停止经营不符合食品安全标准的食品的，可以责令其召回或停止经营；

（2）食品生产者在接到责令召回的通知后，应当立即停止生产，并按照本条规定的程序召回不符合食品安全标准的食品；

（3）食品经营者在接到责令停止经营的通知后，应当立即停止经营。

第六十四条 食用农产品批发市场应当配备检验设备和检验人员或者委托符合本法规定的食品检验机构，对进入该批发市场销售的食用农产品进行抽样检验；发现不符合食品安全标准的，应当要求销售者立即停止销售，并向食品药品监督管理部门报告。

【比较说明】这是新增加的内容。农产品批发市场是人们接触食用农产品的第一线，把好食品安全这一关任重道远，相信有一个实践与不断完善的过程。

第六十五条 食用农产品销售者应当建立食用农产品进货查验记录制度，如实记录食用农产品的名称、数量、进货日期以及供货者名称、地址、联系方式等内容，并保存相关凭证。记录和凭证保存期限不得少于六个月。

第六十六条 进入市场销售的食用农产品在包装、保鲜、贮存、运输中使用保鲜剂、防腐剂等食品添加剂和包装材料等食品相关产品，应当符合食品安全国家标准。

【比较说明】以上两个法条都是新增加的内容。个别内容旧版曾涉及。

第三节　标签、说明书和广告

第六十七条 预包装食品的包装上应当有标签。标签应当标明下列事项：

（一）名称、规格、净含量、生产日期；

（二）成分或者配料表；

（三）生产者的名称、地址、联系方式；

（四）保质期；

（五）产品标准代号；

（六）贮存条件；

（七）所使用的食品添加剂在国家标准中的通用名称；

（八）生产许可证编号；

（九）法律、法规或者食品安全标准规定应当标明的其他事项。

专供婴幼儿和其他特定人群的主辅食品，其标签还应当标明主要营养成分及其含量。

食品安全国家标准对标签标注事项另有规定的，从其规定。

【比较说明】本法条与2009年版法条第四十二条内容基本吻合。

食品标签是指在食品包装容器上或附于食品包装容器上的附签、吊牌、图形、符号等说明物。食品标签的基本功能是通过对被标识食品的名称、配料表、净含量、生产者名称、批号、生产日期等进行清晰、准确的描述，科学地向消费者传达食品的质量特征、安全特征以及食用、饮用说明等信息。通过食品标签上的食品名称、规格、净含量、生产日期，消费者可以选择食品、判断食品、区别食品的质量特征，了解食品的新鲜程度，通过成分或者配料表来识别食品的内在质量及特殊效用等。

近些年来，一些食品生产者在食品标签上标注食品添加剂时，仅非常简单地标注"稳定剂""着色剂""甜味剂"等，有的在标注食品添加剂时使用化学式名称，这些都应该纠正。

本法条谈到专供婴幼儿及其他特定人群的主辅食品应注明营养成分含量，如发现与实际不符，可以依法投诉并可获得赔偿。

第六十八条　食品经营者销售散装食品，应当在散装食品的容器、外包装上标明食品的名称、生产日期或者生产批号、保质期以及生产经营者名称、地址、联系方式等内容。

【比较说明】本法条与2009年版法条第四十一条第二款内容完全吻合。

散装食品是指无预包装的食品、食品原料及加工半成品，但是不包括新鲜果蔬，以及需清洗后加工的原粮、鲜冻畜禽产品和水产品等。

近年来，食品超市、自选商场等成为各地重要的食品经营形式。但是，一些食品超市和自选商场在经营散装食品过程中存在许多二次污染的隐患，因此，有必要对销售散装食品安全进行监督管理。

第六十九条　生产经营转基因食品应当按照规定显著标示。

【比较说明】这是新增加的内容。

第七十条　食品添加剂应当有标签、说明书和包装。标签、说明书应当载明本法条第六十七条第一款第一项至第六项、第八项、第九项规定的事项，以及食品添加剂的使用范围、用量、使用方法，并在标签上载明"食品添加剂"字样。

【比较说明】本法条与2009年版法条第四十七条吻合。

第七十一条　食品和食品添加剂的标签、说明书，不得含有虚假内容，不得涉及疾病预防、治疗功能。生产经营者对其提供的标签、说明书的内容负责。

食品和食品添加剂的标签、说明书应当清楚、明显，生产日期、保质期等事项应当显著标注，容易辨识。

食品和食品添加剂与其标签、说明书的内容不符的，不得上市销售。

【比较说明】本法条与2009年版法条第四十八条完全吻合。

1. 食品及食品添加剂的标签、说明书不得含有虚假、夸大的内容，不得利用字号大小或色差误导消费者或者使用者，不得以直接或间接暗示性的语言、图形、符号，使消费者或者使用者将食品、食品添加剂的某一性质与另一产品混淆。

2. 疾病预防、治疗功能是药品才具备的功能，食品、食品添加剂的标签、说明书不得涉及疾病预防、治疗功能。

3. 食品生产经营者应对其生产经营的食品、食品添加剂的标签、说明书上提供的信息的真实性负责。

4. 食品、食品添加剂标签、说明书的字体、背景和底色应当保证消费者、使用者容易辨认、识读。

5. 生产经营者如果故意标注虚假信息，则构成欺诈，应承担法律责任。

6. 如果由于在生产过程中的偶然因素导致真实情况与所载内容不符，则应及时更改标签、说明书，否则不得上市。

第七十二条　食品经营者应当按照食品标签标示的警示标志、警示说明或者注意事项的要求销售食品。

【比较说明】本法条与2009年版法条第四十九条基本吻合。

第七十三条　食品广告的内容应当真实合法，不得含有虚假内容，不得涉及疾病预防、治疗功能。食品生产经营者对食品广告内容的真实性、合法性负责。

县级以上人民政府食品药品监督管理部门和其他有关部门以及食品检验机构、食品行业协会不得以广告或者其他形式向消费者推荐食品。消费者组织不得以收取费用或者其他牟取利益的方式向消费者推荐食品。

【比较说明】本法条与 2009 年版法条第五十四基本吻合。

1. 食品广告的内容不得含有虚假、夸大的内容。

2. 为保证食品安全监管部门、承担食品检验职责的机构、食品行业协会和消费者协会的中立性和公正性，维护公平、公正的市场竞争环境，这些组织不得以广告或者其他形式向消费者推荐食品。

3. 假借国家机关的名义发布食品广告或者在食品包装、说明书上使用国家机关的名称、标志，借此推销食品的行为，也是违反了广告法的行为。

4. 当前，各种非法类型的小食品广告泛滥，必须严查严治全覆盖。

第四节　特殊食品

第七十四条　国家对保健食品、特殊医学用途配方食品和婴幼儿配方食品等特殊食品实行严格监督管理。

【比较说明】这是新增加的内容。明确指出国家对保健品、特殊医学用途配方食品和婴幼儿配方食品等特殊食品实行严格监督管理。

第七十五条　保健食品声称保健功能，应当具有科学依据，不得对人体产生急性、亚急性或者慢性危害。

保健食品原料目录和允许保健食品声称的保健功能目录，由国务院食品药品监督管理部门会同国务院卫生行政部门、国家中医药管理部门制定、调整并公布。

保健食品原料目录应当包括原料名称、用量及其对应的功效；列入保健食品原料目录的原料只能用于保健食品生产，不得用于其他食品生产。

【比较说明】本法条与 2009 年版法条第五十一条内容基本吻合。

1. 本法确立了对保健食品实行严格监管制度的原则。

2. 保健食品不得以"治疗""治愈""疗效""痊愈""医治"等词汇描述和介绍产品的保健作用，也不得以图形、符号或其他形式暗示疾病预防、治疗功能。

3. 保健食品的生产经营除了应遵守本法外，还应遵守本法对食品规定的一般性要求。

4. 保健食品是一类特殊食品，其特征：

（1）首先是食品，必须无毒无害。

（2）它具有特定的保健功能，是经过科学验证，是正能量的。

（3）通常是针对需要调整某方面机体功能的特定人群设计的。

（4）保健食品以调节功能为主要目的，而不是以治疗为目的。

第七十六条　使用保健食品原料目录以外原料的保健食品和首次进口的保健食品应当经国务院食品药品监督管理部门注册。但是，首次进口的保健食品中属于补充维生素、矿物质等营养物质的，应当报国务院食品药品监督管理部门备案。其他保健食品应当报省、自治区、直辖市人民政府食品药品监督管理部门备案。

进口的保健食品应当是出口国（地区）主管部门准许上市销售的产品。

【比较说明】这是新增加的内容。对进口保健品作了严格规定。

1. 应当是出口国（地区）主管部门准许上市销售的产品。

2. 首次进口的保健品中属于补充维生素、矿物质等营养物品的，应报有关部门备案。

第七十七条　依法应当注册的保健食品，注册时应当提交保健食品的研发报告、产品配方、生产工艺、安全性和保健功能评价、标签、说明书等材料及样品，并提供相关证明文件。国务院食品药品监督管理部门经组织技术审评，对符合安全和功能声称要求的，准予注册；对不符合要求的，不予注册并书面说明理由。对使用保健食品原料目录以外原料的保健食品作出准予注册决定的，应当及时将该原料纳入保健食品原料目录。

依法应当备案的保健食品，备案时应当提交产品配方、生产工艺、标签、说明书以及表明产品安全性和保健功能的材料。

【比较说明】这是新增加的内容。对注册的保健食品应提交详细的资料；对依法应当备案的保健食品，也应该提交相应的材料（包括表明产品安全性和保健功能方面）。

第七十八条　保健食品的标签、说明书不得涉及疾病预防、治疗功能，内容应当真实，与注册或者备案的内容相一致，载明适宜人群、不适宜人群、功效成分或者标志性成分及其含量等，并声明"本品不能代替药物"。保健食品的功能和成分应当与标签、说明书相一致。

【比较说明】这是新增加的内容。当下，不少厂家为了求得利润，往往夸大保健食品的功能与成分，有的声称有"代替药物"的功效，这些都是违反《食品安全法》的，本法条表述得非常清楚。

第七十九条　保健食品广告除应当符合本法第七十三条第一款的规定外，还应当声明"本品不能代替药物"；其内容应当经生产企业所在地省、自治区、直辖市人民政府食品药品监督管理部门审查批准，取得保健食品广告批准文件。省、自治区、直辖市人民政府食品药品监督管理部门应当公布并及时更新已经批准的保健食品广告目录以及批准的广告内容。

【比较说明】这是新增加的内容。要求省、自治区、直辖市人民政府食品药品监管部门加强监督管理，应当公布并及时更新已经批准的保健食品的广告目录以及批准的广告内容，防止不法厂家"偷梁换柱"，误导消费者。

第八十条　特殊医学用途配方食品应当经国务院食品药品监督管理部门注册。注册时，应当提交产品配方、生产工艺、标签、说明书以及表明产品安全性、营养充足性和特殊医学用途临床效果的材料。

特殊医学用途配方食品广告适用《中华人民共和国广告法》和其他法律、行政法规关于药品广告管理的规定。

【比较说明】这是新增加的内容。涉及对特殊医学用途配方食品管理的法律规定。

第八十一条　婴幼儿配方食品生产企业应当实施从原料进厂到成品出厂的全过程质量控制，对出厂的婴幼儿配方食品实施逐批检验，保证食品安全。

生产婴幼儿配方食品使用的生鲜乳、辅料等食品原料、食品添加剂等，应当符合法律、行政法规的规定和食品安全国家标准，保证婴幼儿生长发育所需的营养成分。

婴幼儿配方食品生产企业应当将食品原料、食品添加剂、产品配方及标签等事项向省、自治区、直辖市人民政府食品药品监督管理部门备案。

婴幼儿配方乳粉的产品配方应当经国务院食品药品监督管理部门注册。注册时，应当提交配方研发报告和其他表明配方科学性、安全性的材料。

不得以分装方式生产婴幼儿配方乳粉，同一企业不得用同一配方生产不同品牌的婴幼儿配方乳粉。

【比较说明】这是新增加的内容。法律规定：

1. 婴幼儿配方食品生产企业应当实施从原料进厂到成品出厂的全过程质量控制。

2. 厂家使用生鲜乳、辅料等食品原料、食品添加剂等，应合法并保证所需的营养成分。

3. 本法条第三款事项应向有关部门备案。

4. 产品的配方应当注册。

5. 不得以分装方式生产婴幼儿配方乳粉。

第八十二条　保健食品、特殊医学用途配方食品、婴幼儿配方乳粉的注册人或者备案人应当对其提交材料的真实性负责。

省级以上人民政府食品药品监督管理部门应当及时公布注册或者备案的保健食品、特殊医学用途配方食品、婴幼儿配方乳粉目录，并对注册或者备案中获知的企业商业秘密予以保密。

保健食品、特殊医学用途配方食品、婴幼儿配方乳粉生产企业应当按照注册或者备案的产品配方、生产工艺等技术要求组织生产。

【比较说明】这是新增加的内容。再次规定保健食品、特殊医学用途配方食品、婴幼儿乳粉的注册人或备案人，应当对其提交材料的真实性负责，并组织生产。

第八十三条　生产保健食品、特殊医学用途配方食品、婴幼儿配方食品和其他专供特定人群的主辅食品的企业，应当按照良好生产规范的要求建立与所生产食品相适应的生产质量管理体系，定期对该体系的运行情况进行自查，保证其有效运行，并向所在地县级人民政府食品药品监督管理部门提交自查报告。

【比较说明】这是新增加的内容。比照其他食品企业，法律同样要求生产保健品、特殊医学用途配方食品、婴幼儿配方食品和其他供特定人群的主辅食品的企业，建立与所生产食品相适应的生产质量管理体系，并定期对该体系的运行情况进行自查与上报。

第五章　食品检验

第八十四条　食品检验机构按照国家有关认证认可的规定取得资质认定后，方可从事食品检验活动。但是，法律另有规定的除外。

食品检验机构的资质认定条件和检验规范，由国务院食品药品监督管理部门规定。

符合本法规定的食品检验机构出具的检验报告具有同等效力。

县级以上人民政府应当整合食品检验资源，实现资源共享。

【比较说明】本法条与2009年版法条第五十七条基本吻合。

食品检验是保证食品安全、加强食品安全监管的重要技术支撑，是保障食品安全的一系列制度中不可缺少的重要环节。目前，我国食品检验机构的资质取得有以下几种途径：

1.取得国务院认证认可监督管理部门确定的认可机构的资质认可;

2.经省级以上人民政府产品质量监督部门或者授权的部门考核合格;

3.经省级以上人民政府农业行政主管部门或者授权的部门考核合格。

随着本法的施行和《食品卫生法》的废止,卫生行政部门不再行使认定食品检验机构资质的职权,同时行使统一制定食品检验机构资质认定条件和检验规范的职权。

考虑到法不溯及既往的原则,同时为了防止和杜绝食品检验机构重复建设,避免资源浪费,已经依法设立或者认定的食品检验机构可以继续从事食品检验活动。

第八十五条 食品检验由食品检验机构指定的检验人独立进行。

检验人应当依照有关法律、法规的规定,并按照食品安全标准和检验规范对食品进行检验,尊重科学,恪守职业道德,保证出具的检验数据和结论客观、公正,不得出具虚假检验报告。

【比较说明】本法条与 2009 年版法条第五十八条完全吻合。

本条对食品检验人的要求分为两个部分,目的都是为了保证检验结果的客观公正。一是赋予检验人相对独立的检验权,以防止食品检验机构的不独立性所带来的负面影响。同时也是实行检验人责任制的基础,有了独立检验权才能明确责任。二是对检验人业务素质、职业道德提出要求。要求出具的检验数据和结论客观、公正,不得出具虚假的检验报告。

第八十六条 食品检验实行食品检验机构与检验人负责制。食品检验报告应当加盖食品检验机构公章,并有检验人的签名或者盖章。食品检验机构和检验人对出具的食品检验报告负责。

【比较说明】本法条与 2009 年版法条第五十九条完全吻合。

本条明确了食品检验实行检验机构与检验人员负责制,即食品检验机构与检验人员对出具的食品检验报告负责,要加盖公章以及检验员签名盖章。

将食品检验机构与检验人员并列,是上一法条中赋予检验人独立检验权的延续,一改过去检验人完全隶属于食品检验机构的做法。这样做,有利于提升检验人员的职业地位,有利于在食品检验机构与检验人员之间形成制约机制,保证我国的食品安全。

第八十七条 县级以上人民政府食品药品监督管理部门应当对食品进行定期或者不定期的抽样检验,并依据有关规定公布检验结果,不得免检。进行抽样检验，应当购买抽取的样品，委托符合本法规定的食品检验机构进行检验，并支付相关费用；不得向食品生产经营者收取检验费和其他费用。

【比较说明】本法条与 2009 年版法条第六十条基本吻合。

第八十八条　对依照本法规定实施的检验结论有异议的，食品生产经营者可以自收到检验结论之日起七个工作日内向实施抽样检验的食品药品监督管理部门或者其上一级食品药品监督管理部门提出复检申请，由受理复检申请的食品药品监督管理部门在公布的复检机构名录中随机确定复检机构进行复检。复检机构出具的复检结论为最终检验结论。复检机构与初检机构不得为同一机构。复检机构名录由国务院认证认可监督管理、食品药品监督管理、卫生行政、农业行政等部门共同公布。

采用国家规定的快速检测方法对食用农产品进行抽查检测，被抽查人对检测结果有异议的，可以自收到检测结果时起四小时内申请复检。复检不得采用快速检测方法。

【比较说明】这是本法条对 2009 年版法条第六十条内容的延续，对复检作了具体规定。

第八十九条　食品生产企业可以自行对所生产的食品进行检验，也可以委托符合本法规定的食品检验机构进行检验。

食品行业协会和消费者协会等组织、消费者需要委托食品检验机构对食品进行检验的，应当委托符合本法规定的食品检验机构进行。

【比较说明】本法条与 2009 年版法条第六十一条完全吻合。

1. 本法条是关于食品生产经营企业自行检验、委托检验的规定。

2.《中华人民共和国产品质量法》第十二条规定，产品质量应当检验合格。2005 年的《食品生产加工企业质量安全监督管理实施细则（试行）》第三十八条规定，食品出厂必须经过检验，未经检验或者检验不合格的，不得出厂销售。

3. 强制出厂检验制度有利于提高食品生产企业的安全意识，保障人民群众身体健康和生命安全。本法条将实践中实行的食品生产企业强制出厂检验的措施写入法律中，食品生产企业应当自觉履行相应法定义务。

4. 本法规定食品行业协会等组织、消费者需要进行食品检验的，应当委托符合本法规定的食品检验机构进行检验。食品行业协会进行行业自律主动对所属企业生产的食品进行检验，或者对监管部门进行的食品检验结果存有异议，食品行业协会协助企业进行检验的，应当委托符合本法规定的食品检验机构进行检验。消费者对自己所购买的食品感到不安全时，也可委托符合本法规定的食品检验机构进行检验。

第九十条　食品添加剂的检验，适用本法有关食品检验的规定。

【比较说明】这是新增加的内容。涉及对食品添加剂的检验。

第六章　食品进出口

第九十一条　国家出入境检验检疫部门对进出口食品安全实施监督管理。

【比较说明】这是新增加的内容。法律规定，国家出入境检验检疫部门对进出口食品安全实施监督管理。

第九十二条　进口的食品、食品添加剂、食品相关产品应当符合我国食品安全国家标准。

进口的食品、食品添加剂应当经出入境检验检疫机构依照进出口商品检验相关法律、行政法规的规定检验合格。

进口的食品、食品添加剂应当按照国家出入境检验检疫部门的要求随附合格证明材料。

【比较说明】这是新增加的内容。是上一条法条内容的具体化要求。

第九十三条　进口尚无食品安全国家标准的食品，由境外出口商、境外生产企业或者其委托的进口商向国务院卫生行政部门提交所执行的相关国家（地区）标准或者国际标准。国务院卫生行政部门对相关标准进行审查，认为符合食品安全要求的，决定暂予适用，并及时制定相应的食品安全国家标准。进口利用新的食品原料生产的食品或者进口食品添加剂新品种、食品相关产品新品种，依照本法第三十七条的规定办理。

出入境检验检疫机构按照国务院卫生行政部门的要求，对前款规定的食品、食品添加剂、食品相关产品进行检验。检验结果应当公开。

【比较说明】本法条与2009年版法条第六十三条基本吻合。

第九十四条　境外出口商、境外生产企业应当保证向我国出口的食品、食品添加剂、食品相关产品符合本法以及我国其他有关法律、行政法规的规定和食品安全国家标准的要求，并对标签、说明书的内容负责。

进口商应当建立境外出口商、境外生产企业审核制度，重点审核前款规定的内容；审核不合格的，不得进口。

发现进口食品不符合我国食品安全国家标准或者有证据证明可能危害人体

健康的，进口商应当立即停止进口，并依照本法第六十三条的规定召回。

【比较说明】这是新增加的内容。

第九十五条　境外发生的食品安全事件可能对我国境内造成影响，或者在进口食品、食品添加剂、食品相关产品中发现严重食品安全问题的，国家出入境检验检疫部门应当及时采取风险预警或者控制措施，并向国务院食品药品监督管理、卫生行政、农业行政部门通报。接到通报的部门应当及时采取相应措施。

县级以上人民政府食品药品监督管理部门对国内市场上销售的进口食品、食品添加剂实施监督管理。发现存在严重食品安全问题的，国务院食品药品监督管理部门应当及时向国家出入境检验检疫部门通报。国家出入境检验检疫部门应当及时采取相应措施。

【比较说明】本法条与 2009 年版法条第六十四条大致吻合。更强调县级以上人民政府食品药品监督管理部门对国内市场上销售的进口食品、食品添加剂实施监督管理。发现存在严重食品安全问题的，要及时通报以及采取相应措施。

第九十六条　向我国境内出口食品的境外出口商或者代理商、进口食品的进口商应当向国家出入境检验检疫部门备案。向我国境内出口食品的境外食品生产企业应当经国家出入境检验检疫部门注册。已经注册的境外食品生产企业提供虚假材料，或者因其自身的原因致使进口食品发生重大食品安全事故的，国家出入境检验检疫部门应当撤销注册并公告。

国家出入境检验检疫部门应当定期公布已经备案的境外出口商、代理商、进口商和已经注册的境外食品生产企业名单。

【比较说明】本法条与 2009 年版法条第六十五条大致吻合。

第九十七条　进口的预包装食品、食品添加剂应当有中文标签；依法应当有说明书的，还应当有中文说明书。标签、说明书应当符合本法以及我国其他有关法律、行政法规的规定和食品安全国家标准的要求，并载明食品的原产地以及境内代理商的名称、地址、联系方式。预包装食品没有中文标签、中文说明书或者标签、说明书不符合本条规定的，不得进口。

【比较说明】本法条与 2009 年版法条第六十六条基本吻合。

第九十八条　进口商应当建立食品、食品添加剂进口和销售记录制度，如实记录食品、食品添加剂的名称、规格、数量、生产日期、生产或者进口批号、保质期、境外出口商和购货者名称、地址及联系方式、交货日期等内容，并保存相关凭证。记录和凭证保存期限应当符合本法第五十条第二款的规定。

【比较说明】本法条与 2009 年版法条第六十七条基本吻合。

第九十九条　出口食品生产企业应当保证其出口食品符合进口国（地区）的标准或者合同要求。

出口食品生产企业和出口食品原料种植、养殖场应当向国家出入境检验检疫部门备案。

【比较说明】本法条与 2009 年版法条第六十八条基本吻合。

第一百条　国家出入境检验检疫部门应当收集、汇总下列进出口食品安全信息，并及时通报相关部门、机构和企业：

（一）出入境检验检疫机构对进出口食品实施检验检疫发现的食品安全信息；

（二）食品行业协会和消费者协会等组织、消费者反映的进口食品安全信息；

（三）国际组织、境外政府机构发布的风险预警信息及其他食品安全信息，以及境外食品行业协会等组织、消费者反映的食品安全信息；

（四）其他食品安全信息。

国家出入境检验检疫部门应当对进出口食品的进口商、出口商和出口食品生产企业实施信用管理，建立信用记录，并依法向社会公布。对有不良记录的进口商、出口商和出口食品生产企业，应当加强对其进出口食品的检验检疫。

【比较说明】本法条与 2009 年版法条第六十九条大致吻合。

第一百零一条　国家出入境检验检疫部门可以对向我国境内出口食品的国家（地区）的食品安全管理体系和食品安全状况进行评估和审查，并根据评估和审查结果，确定相应检验检疫要求。

【比较说明】这是新增加的内容。

第七章　食品安全事故处置

第一百零二条　国务院组织制定国家食品安全事故应急预案。

县级以上地方人民政府应当根据有关法律、法规的规定和上级人民政府的食品安全事故应急预案以及本行政区域的实际情况，制定本行政区域的食品安全事故应急预案，并报上一级人民政府备案。

食品安全事故应急预案应当对食品安全事故分级、事故处置组织指挥体系与职责、预防预警机制、处置程序、应急保障措施等作出规定。

食品生产经营企业应当制定食品安全事故处置方案，定期检查本企业各项食品安全防范措施的落实情况，及时消除事故隐患。

【比较说明】本法条与 2009 年版法条第七十条基本吻合。

1. 食品安全事故应急预案，是经过一定程序制定的开展食品安全事故应急处理工作的事先指导方案，目的是建立健全应对食品安全事故的救助体系和运营机制，规范和指导紧急处理工作。各级人民政府应当高度重视这项工作，依法履行制定本行政区域的食品安全事故应急预案的法定义务。

2. 一般说来，上述应急处理预案处在保密状态，不适时的泄露与公布，会引起公众的恐慌，对社会治安造成不良影响。一旦发现有人故意作为，应立即制止并依法处理。

3. 考虑到食品安全工作的重要性和多部门分段监管的特点，应当依法赋予县级以上各级人民政府统一负责、领导、组织、协调之权，由他们来指挥食品安全突发事件的应对。

4. 本法再次强调食品生产经营企业是食品安全第一责任人的思想和精神。

5. 食品生产经营企业制定食品安全事故处理方案，并不允许这些企业隐瞒事故，而是要求它们采取必要的措施防止事故危害后果的扩散。

第一百零三条　发生食品安全事故的单位应当立即采取措施，防止事故扩大。事故单位和接收病人进行治疗的单位应当及时向事故发生地县级人民政府食品药品监督管理、卫生行政部门报告。

县级以上人民政府质量监督、农业行政等部门在日常监督管理中发现食品安全事故或者接到事故举报，应当立即向同级食品药品监督管理部门通报。

发生食品安全事故，接到报告的县级人民政府食品药品监督管理部门应当按照应急预案的规定向本级人民政府和上级人民政府食品药品监督管理部门报告。县级人民政府和上级人民政府食品药品监督管理部门应当按照应急预案的规定上报。

任何单位和个人不得对食品安全事故隐瞒、谎报、缓报，不得隐匿、伪造、毁灭有关证据。

【比较说明】本法条与 2009 年版法条第七十一条基本吻合。

1. 实践经验证明，食品安全事故发生后，两个措施最重要：一是事故发生单位在第一时间内采取应急措施，防止危害扩散；二是及时报告和通报，以便有关部门、政府及时启动相应级别的食品安全事故应急预案。

2. 事故发生单位的应急处置。事故发生单位处在第一线，掌握第一手资料，其反应是否快速，采取的措施是否得当，关系重大。其重点是必须能控制事态。

3.报告制度。通过建立畅通的信息监测和报告网络体系，及时研究分析食品安全形势，有利于食品安全事故做到早发现、早整治、早解决。

4.通报制度。目前，我国食品监管体制实行分段监管，因此，本法明确规定了通报制度。

5.任何单位或者个人不得对食品安全事故隐瞒、谎报、缓报，不得销毁有关证据，否则要承担相应的法律责任。有关部门对责任人责令改正、给予警告、责令停产停业，并处罚款、吊销许可证等。如果情节严重的，可以追究刑事责任。

6.食品安全事故是指食品中毒、食源性疾病、食品污染等源于食品，对人体健康有危害或者可能有危害的事故。

7.根据本条及《国家重大食品安全事故应急预案》的规定，发生食品安全事故后，应按照不同级别分别响应：

（1）一般食品安全事故由县以上卫生行政部门调查处理；

（2）属于重大事故，县级人民政府成立应急指挥机构，负责组织有关部门开展应急救援工作；

（3）如果是重大安全事故中较大食品安全事故，由地市级人民政府成立应急指挥机构统一领导和指挥；

（4）如果是重大安全事故中的重大食品安全事故，则由省级人民政府根据省级卫生行政部门的建议和处理事故的需要，成立指挥机构统一领导和指挥；

（5）如果属于特别重大食品安全事故，则由国家应急指挥部或办公室组织实施调查处理应急工作。

8.可考虑食品安全事故用公关方法处理的新思路。

第一百零四条　医疗机构发现其接收的病人属于食源性疾病病人或者疑似病人的，应当按照规定及时将相关信息向所在地县级人民政府卫生行政部门报告。县级人民政府卫生行政部门认为与食品安全有关的，应当及时通报同级食品药品监督管理部门。

县级以上人民政府卫生行政部门在调查处理传染病或者其他突发公共卫生事件中发现与食品安全相关的信息，应当及时通报同级食品药品监督管理部门。

【比较说明】本法条是新增加的内容。涉及传染病及其他突发公共卫生事件的处理办法。

第一百零五条　县级以上人民政府食品药品监督管理部门接到食品安全事

故的报告后，应当立即会同同级卫生行政、质量监督、农业行政等部门进行调查处理，并采取下列措施，防止或者减轻社会危害：

（一）开展应急救援工作，组织救治因食品安全事故导致人身伤害的人员；

（二）封存可能导致食品安全事故的食品及其原料，并立即进行检验；对确认属于被污染的食品及其原料，责令食品生产经营者依照本法第六十三条的规定召回或者停止经营；

（三）封存被污染的食品相关产品，并责令进行清洗消毒；

（四）做好信息发布工作，依法对食品安全事故及其处理情况进行发布，并对可能产生的危害加以解释、说明。

发生食品安全事故需要启动应急预案的，县级以上人民政府应当立即成立事故处置指挥机构，启动应急预案，依照前款和应急预案的规定进行处置。

发生食品安全事故，县级以上疾病预防控制机构应当对事故现场进行卫生处理，并对与事故有关的因素开展流行病学调查，有关部门应当予以协助。县级以上疾病预防控制机构应当向同级食品药品监督管理、卫生行政部门提交流行病学调查报告。

【比较说明】本法条与2009年版法条第七十二条、第七十四条基本吻合。

第一百零六条　发生食品安全事故，设区的市级以上人民政府食品药品监督管理部门应当立即会同有关部门进行事故责任调查，督促有关部门履行职责，向本级人民政府和上一级人民政府食品药品监督管理部门提出事故责任调查处理报告。

涉及两个以上省、自治区、直辖市的重大食品安全事故由国务院食品药品监督管理部门依照前款规定组织事故责任调查。

【比较说明】这是新增加的内容。

第一百零七条　调查食品安全事故，应当坚持实事求是、尊重科学的原则，及时、准确查清事故性质和原因，认定事故责任，提出整改措施。

调查食品安全事故，除了查明事故单位的责任，还应当查明有关监督管理部门、食品检验机构、认证机构及其工作人员的责任。

【比较说明】这是新增加的内容。强调调查食品安全事故，应当坚持实事求是、尊重科学的原则，切忌炒作、误导群众、陷害百姓。

第一百零八条　食品安全事故调查部门有权向有关单位和个人了解与事故有关的情况，并要求提供相关资料和样品。有关单位和个人应当予以配合，按照要求提供相关资料和样品，不得拒绝。

任何单位和个人不得阻挠、干涉食品安全事故的调查处理。

【比较说明】这是新增加的内容。强调任何单位和个人不得阻挠、干涉食品安全事故的调查处理。

第八章　监督管理

第一百零九条　县级以上人民政府食品药品监督管理、质量监督部门根据食品安全风险监测、风险评估结果和食品安全状况等，确定监督管理的重点、方式和频次，实施风险分级管理。

县级以上地方人民政府组织本级食品药品监督管理、质量监督、农业行政等部门制定本行政区域的食品安全年度监督管理计划，向社会公布并组织实施。

食品安全年度监督管理计划应当将下列事项作为监督管理的重点：

（一）专供婴幼儿和其他特定人群的主辅食品；

（二）保健食品生产过程中的添加行为和按照注册或者备案的技术要求组织生产的情况，保健食品标签、说明书以及宣传材料中有关功能宣传的情况；

（三）发生食品安全事故风险较高的食品生产经营者；

（四）食品安全风险监测结果表明可能存在食品安全隐患的事项。

【比较说明】本法条是在2009年版法条第七十六条基础上的扩展，许多内容是新增加的。尤其强调县级以上人民政府食品药品监督管理部门等监管工作为社会普遍关注的热点。

第一百一十条　县级以上人民政府食品药品监督管理、质量监督部门履行各自食品安全监督管理职责，有权采取下列措施，对生产经营者遵守本法的情况进行监督检查：

（一）进入生产经营场所实施现场检查；

（二）对生产经营的食品、食品添加剂、食品相关产品进行抽样检验；

（三）查阅、复制有关合同、票据、账簿以及其他有关资料；

（四）查封、扣押有证据证明不符合食品安全标准或者有证据证明存在安全隐患以及用于违法生产经营的食品、食品添加剂、食品相关产品；

（五）查封违法从事生产经营活动的场所。

【比较说明】本法条与2009年版法条第七十七条基本吻合。

第一百一十一条　对食品安全风险评估结果证明食品存在安全隐患，需要制定、修订食品安全标准的，在制定、修订食品安全标准前，国务院卫生行政部门应当及时会同国务院有关部门规定食品中有害物质的临时限量值和临时检验方法，作为生产经营和监督管理的依据。

【比较说明】这是新增加的内容。特别强调在制定修订食品安全标准前，有关部门应规定食品中有害物质的临时限量值和临时检验方法，作为生产经营和监督管理的依据。

第一百一十二条　县级以上人民政府食品药品监督管理部门在食品安全监督管理工作中可以采用国家规定的快速检测方法对食品进行抽查检测。

对抽查检测结果表明可能不符合食品安全标准的食品，应当依照本法第八十七条的规定进行检验。抽查检测结果确定有关食品不符合食品安全标准的，可以作为行政处罚的依据。

【比较说明】这是新增加的内容。强调县级以上食品药品监管部门有权用快速检测的方法对食品进行抽查检测，而且如果抽查检测结果确认不符合食品安全标准的，可以作为行政处罚的依据。

第一百一十三条　县级以上人民政府食品药品监督管理部门应当建立食品生产经营者食品安全信用档案，记录许可颁发、日常监督检查结果、违法行为查处等情况，依法向社会公布并实时更新；对有不良信用记录的食品生产经营者增加监督检查频次，对违法行为情节严重的食品生产经营者，可以通报投资主管部门、证券监督管理机构和有关的金融机构。

【比较说明】本法条与2009年版法条第七十九条基本吻合。

第一百一十四条　食品生产经营过程中存在食品安全隐患，未及时采取措施消除的，县级以上人民政府食品药品监督管理部门可以对食品生产经营者的法定代表人或者主要负责人进行责任约谈。食品生产经营者应当立即采取措施，进行整改，消除隐患。责任约谈情况和整改情况应当纳入食品生产经营者食品安全信用档案。

【比较说明】这是新增加的内容。本法条提到对食品生产经营过程中有关的食品安全隐患，又未及时采取措施消除的，县级以上食品药品监管部门有权对食品经营者的法定代表人或者主要负责人进行责任约谈，而且将该情况纳入食品生产经营者安全信用档案。

第一百一十五条　县级以上人民政府食品药品监督管理、质量监督等部门应当公布本部门的电子邮件地址或者电话，接受咨询、投诉、举报。接到咨询、投诉、举报，对属于本部门职责的，应当受理并在法定期限内及时答复、核实、处理；对不属于本部门职责的，应当移交有权处理的部门并书面通知咨询、投诉、举报人。有权处理的部门应当在法定期限内及时处理，不得推诿。对查证属实的举报，给予举报人奖励。

有关部门应当对举报人的信息予以保密，保护举报人的合法权益。举报人举报所在企业的，该企业不得以解除、变更劳动合同或者其他方式对举报人进行打击报复。

【比较说明】本法条与 2009 年版法条第八十条基本吻合。法律重申，县级以上人民政府食品药品监督管理、质量监督等部门应当公布本部门的电子邮件地址或者电话，接受咨询、投诉、举报，并及时答复、核实和处理，不得推诿，对举报人的合法权益要进行保护。

第一百一十六条　县级以上人民政府食品药品监督管理、质量监督等部门应当加强对执法人员食品安全法律、法规、标准和专业知识与执法能力等的培训，并组织考核。不具备相应知识和能力的，不得从事食品安全执法工作。

食品生产经营者、食品行业协会、消费者协会等发现食品安全执法人员在执法过程中有违反法律、法规规定的行为以及不规范执法行为的，可以向本级或者上级人民政府食品药品监督管理、质量监督等部门或者监察机关投诉、举报。接到投诉、举报的部门或者机关应当进行核实，并将经核实的情况向食品安全执法人员所在部门通报；涉嫌违法违纪的，按照本法和有关规定处理。

【比较说明】这是新增加的内容。强调对执法人员加强食品安全法律法规标准和专业知识方面的培训与考核，不具备相应知识和能力的，不得上岗。对执法中有违反法律、法规之处，食品生产经营者、食品行业协会及消费者协会可投诉、举报。

第一百一十七条　县级以上人民政府食品药品监督管理等部门未及时发现食品安全系统性风险，未及时消除监督管理区域内的食品安全隐患的，本级人民政府可以对其主要负责人进行责任约谈。

地方人民政府未履行食品安全职责，未及时消除区域性重大食品安全隐患的，上级人民政府可以对其主要负责人进行责任约谈。

被约谈的食品药品监督管理等部门、地方人民政府应当立即采取措施，对食品安全监督管理工作进行整改。

责任约谈情况和整改情况应当纳入地方人民政府和有关部门食品安全监督

管理工作评议、考核记录。

【比较说明】这是新增加的内容。

第一百一十八条　国家建立统一的食品安全信息平台，实行食品安全信息统一公布制度。国家食品安全总体情况、食品安全风险警示信息、重大食品安全事故及其调查处理信息和国务院确定需要统一公布的其他信息由国务院食品药品监督管理部门统一公布。食品安全风险警示信息和重大食品安全事故及其调查处理信息的影响限于特定区域的，也可以由有关省、自治区、直辖市人民政府食品药品监督管理部门公布。未经授权不得发布上述信息。

县级以上人民政府食品药品监督管理、质量监督、农业行政部门依据各自职责公布食品安全日常监督管理信息。

公布食品安全信息，应当做到准确、及时，并进行必要的解释说明，避免误导消费者和社会舆论。

【比较说明】本法条与2009年版法条第八十二条基本吻合。强调国家建立食品安全信息统一公布制度。公布食品安全信息，应当做到准确、及时，并进行必要的解释说明，避免误导消费者和社会舆论。

第一百一十九条　县级以上地方人民政府食品药品监督管理、卫生行政、质量监督、农业行政部门获知本法规定需要统一公布的信息，应当向上级主管部门报告，由上级主管部门立即报告国务院食品药品监督管理部门；必要时，可以直接向国务院食品药品监督管理部门报告。

县级以上人民政府食品药品监督管理、卫生行政、质量监督、农业行政部门应当相互通报获知的食品安全信息。

【比较说明】本法条与2009年版法条第八十三条基本吻合。

第一百二十条　任何单位和个人不得编造、散布虚假食品安全信息。

县级以上人民政府食品药品监督管理部门发现可能误导消费者和社会舆论的食品安全信息，应当立即组织有关部门、专业机构、相关食品生产经营者等进行核实、分析，并及时公布结果。

【比较说明】这是新增加的内容。进一步强调任何单位和个人不得编造、散布虚假食品安全信息。

第一百二十一条　县级以上人民政府食品药品监督管理、质量监督等部门发现涉嫌食品安全犯罪的，应当按照有关规定及时将案件移送公安机关。对移送的案件，公安机关应当及时审查；认为有犯罪事实需要追究刑事责任的，应当立案侦查。

公安机关在食品安全犯罪案件侦查过程中认为没有犯罪事实，或者犯罪事实显著轻微，不需要追究刑事责任，但依法应当追究行政责任的，应当及时将案件移送食品药品监督管理、质量监督等部门和监察机关，有关部门应当依法处理。

公安机关商请食品药品监督管理、质量监督、环境保护等部门提供检验结论、认定意见以及对涉案物品进行无害化处理等协助的，有关部门应当及时提供，予以协助。

【比较说明】本法条第一款与2009年版法条第八十一条大致吻合，强调涉嫌食品安全犯罪的（含不需要追究刑事责任的），公安部门与食品药品监督管理部门要相互配合，相互协助。

第九章　法律责任

第一百二十二条　违反本法规定，未取得食品生产经营许可从事食品生产经营活动，或者未取得食品添加剂生产许可从事食品添加剂生产活动的，由县级以上人民政府食品药品监督管理部门没收违法所得和违法生产经营的食品、食品添加剂以及用于违法生产经营的工具、设备、原料等物品；违法生产经营的食品、食品添加剂货值金额不足一万元的，并处五万元以上十万元以下罚款；货值金额一万元以上的，并处货值金额十倍以上二十倍以下罚款。

明知从事前款规定的违法行为，仍为其提供生产经营场所或者其他条件的，由县级以上人民政府食品药品监督管理部门责令停止违法行为，没收违法所得，并处五万元以上十万元以下罚款；使消费者的合法权益受到损害的，应当与食品、食品添加剂生产经营者承担连带责任。

【比较说明】本法条与2009年版法条第八十四条相比，行政处罚力度大大加强了。

第一百二十三条　违反本法规定，有下列情形之一，尚不构成犯罪的，由县级以上人民政府食品药品监督管理部门没收违法所得和违法生产经营的食品，并可以没收用于违法生产经营的工具、设备、原料等物品；违法生产经营的食品货值金额不足一万元的，并处十万元以上十五万元以下罚款；货值金额一万元以上的，并处货值金额十五倍以上三十倍以下罚款；情节严重的，吊销许可证，并可以由公安机关对其直接负责的主管人员和其他直接责任人员处五日以上十五日以下拘留：

（一）用非食品原料生产食品、在食品中添加食品添加剂以外的化学物质和其他可能危害人体健康的物质，或者用回收食品作为原料生产食品，或者经营上述食品；

（二）生产经营营养成分不符合食品安全标准的专供婴幼儿和其他特定人群的主辅食品；

（三）经营病死、毒死或者死因不明的禽、畜、兽、水产动物肉类，或者生产经营其制品；

（四）经营未按规定进行检疫或者检疫不合格的肉类，或者生产经营未经检验或者检验不合格的肉类制品；

（五）生产经营国家为防病等特殊需要明令禁止生产经营的食品；

（六）生产经营添加药品的食品。

明知从事前款规定的违法行为，仍为其提供生产经营场所或者其他条件的，由县级以上人民政府食品药品监督管理部门责令停止违法行为，没收违法所得，并处十万元以上二十万元以下罚款；使消费者的合法权益受到损害的，应当与食品生产经营者承担连带责任。

违法使用剧毒、高毒农药的，除依照有关法律、法规规定给予处罚外，可以由公安机关依照第一款规定给予拘留。

【比较说明】本法条与2009年版法条第八十五条大致吻合，区别是行政处罚力度大大加强，对不构成犯罪但已经明确违法的行为界定得更明确。一般为人们广泛关注的社会热点。

第一百二十四条　违反本法规定，有下列情形之一，尚不构成犯罪的，由县级以上人民政府食品药品监督管理部门没收违法所得和违法生产经营的食品、食品添加剂，并可以没收用于违法生产经营的工具、设备、原料等物品；违法生产经营的食品、食品添加剂货值金额不足一万元的，并处五万元以上十万元以下罚款；货值金额一万元以上的，并处货值金额十倍以上二十倍以下罚款；情节严重的，吊销许可证：

（一）生产经营致病性微生物，农药残留、兽药残留、生物毒素、重金属等污染物质以及其他危害人体健康的物质含量超过食品安全标准限量的食品、食品添加剂；

（二）用超过保质期的食品原料、食品添加剂生产食品、食品添加剂，或者经营上述食品、食品添加剂；

（三）生产经营超范围、超限量使用食品添加剂的食品；

（四）生产经营腐败变质、油脂酸败、霉变生虫、污秽不洁、混有异物、掺假掺杂或者感官性状异常的食品、食品添加剂；

（五）生产经营标注虚假生产日期、保质期或者超过保质期的食品、食品添加剂；

（六）生产经营未按规定注册的保健食品、特殊医学用途配方食品、婴幼儿配方乳粉，或者未按注册的产品配方、生产工艺等技术要求组织生产；

（七）以分装方式生产婴幼儿配方乳粉，或者同一企业以同一配方生产不同品牌的婴幼儿配方乳粉；

（八）利用新的食品原料生产食品，或者生产食品添加剂新品种，未通过安全性评估；

（九）食品生产经营者在食品药品监督管理部门责令其召回或者停止经营后，仍拒不召回或者停止经营。

除前款和本法第一百二十三条、第一百二十五条规定的情形外，生产经营不符合法律、法规或者食品安全标准的食品、食品添加剂的，依照前款规定给予处罚。

生产食品相关产品新品种，未通过安全性评估，或者生产不符合食品安全标准的食品相关产品的，由县级以上人民政府质量监督部门依照第一款规定给予处罚。

【比较说明】本法条与2009年版法条第八十五条精神相符。当然，所列举的不法行为比以前内容多，处罚力度大大加强。

第一百二十五条　违反本法规定，有下列情形之一的，由县级以上人民政府食品药品监督管理部门没收违法所得和违法生产经营的食品、食品添加剂，并可以没收用于违法生产经营的工具、设备、原料等物品；违法生产经营的食品、食品添加剂货值金额不足一万元的，并处五千元以上五万元以下罚款；货值金额一万元以上的，并处货值金额五倍以上十倍以下罚款；情节严重的，责令停产停业，直至吊销许可证：

（一）生产经营被包装材料、容器、运输工具等污染的食品、食品添加剂；

（二）生产经营无标签的预包装食品、食品添加剂或者标签、说明书不符合本法规定的食品、食品添加剂；

（三）生产经营转基因食品未按规定进行标示；

（四）食品生产经营者采购或者使用不符合食品安全标准的食品原料、食品添加剂、食品相关产品。

生产经营的食品、食品添加剂的标签、说明书存在瑕疵但不影响食品安全且不会对消费者造成误导的，由县级以上人民政府食品药品监督管理部门责令改正；拒不改正的，处二千元以下罚款。

【比较说明】本法条与2009年版法条第八十六条基本吻合，但增加了第三款，即生产经营的食品、食品添加剂的标签、说明书存在瑕疵但不影响食品安全，不会对消费者造成误导的，责令改正，拒不改正的处二千元以下罚款。

第一百二十六条　违反本法规定，有下列情形之一的，由县级以上人民政府食品药品监督管理部门责令改正，给予警告；拒不改正的，处五千元以上五万元以下罚款；情节严重的，责令停产停业，直至吊销许可证：

（一）食品、食品添加剂生产者未按规定对采购的食品原料和生产的食品、食品添加剂进行检验；

（二）食品生产经营企业未按规定建立食品安全管理制度，或者未按规定配备或者培训、考核食品安全管理人员；

（三）食品、食品添加剂生产经营者进货时未查验许可证和相关证明文件，或者未按规定建立并遵守进货查验记录、出厂检验记录和销售记录制度；

（四）食品生产经营企业未制定食品安全事故处置方案；

（五）餐具、饮具和盛放直接入口食品的容器，使用前未经洗净、消毒或者清洗消毒不合格，或者餐饮服务设施、设备未按规定定期维护、清洗、校验；

（六）食品生产经营者安排未取得健康证明或者患有国务院卫生行政部门规定的有碍食品安全疾病的人员从事接触直接入口食品的工作；

（七）食品经营者未按规定要求销售食品；

（八）保健食品生产企业未按规定向食品药品监督管理部门备案，或者未按备案的产品配方、生产工艺等技术要求组织生产；

（九）婴幼儿配方食品生产企业未将食品原料、食品添加剂、产品配方、标签等向食品药品监督管理部门备案；

（十）特殊食品生产企业未按规定建立生产质量管理体系并有效运行，或者未定期提交自查报告；

（十一）食品生产经营者未定期对食品安全状况进行检查评价，或者生产经营条件发生变化，未按规定处理；

（十二）学校、托幼机构、养老机构、建筑工地等集中用餐单位未按规定履行食品安全管理责任；

（十三）食品生产企业、餐饮服务提供者未按规定制定、实施生产经营过程控制要求。

餐具、饮具集中消毒服务单位违反本法规定用水，使用洗涤剂、消毒剂，或者出厂的餐具、饮具未按规定检验合格并随附消毒合格证明，或者未按规定在独立包装上标注相关内容的，由县级以上人民政府卫生行政部门依照前款规定给予处罚。

食品相关产品生产者未按规定对生产的食品相关产品进行检验的，由县级以上人民政府质量监督部门依照第一款规定给予处罚。

食用农产品销售者违反本法第六十五条规定的，由县级以上人民政府食品药品监督管理部门依照第一款规定给予处罚。

【比较说明】本法条有五款，提到有十三种不法行为，有的要求责令改正、给予警告；拒不改正可罚款；情节严重的，责令停产停业，直至吊销许可证。

第一百二十七条　对食品生产加工小作坊、食品摊贩等的违法行为的处罚，依照省、自治区、直辖市制定的具体管理办法执行。

【比较说明】这是新增加的内容。对食品生产加工小作坊、食品摊贩等的违法行为的处罚，历来是我们的"短板"，期待有明显的改观。

第一百二十八条　违反本法规定，事故单位在发生食品安全事故后未进行处置、报告的，由有关主管部门按照各自职责分工责令改正，给予警告；隐匿、伪造、毁灭有关证据的，责令停产停业，没收违法所得，并处十万元以上五十万元以下罚款；造成严重后果的，吊销许可证。

【比较说明】这是新增加的内容。对发生食品安全事故后未进行处置、报告的事故单位，有关主管部门应予以处罚。

第一百二十九条　违反本法规定，有下列情形之一的，由出入境检验检疫机构依照本法第一百二十四条的规定给予处罚：

（一）提供虚假材料，进口不符合我国食品安全国家标准的食品、食品添加剂、食品相关产品；

（二）进口尚无食品安全国家标准的食品，未提交所执行的标准并经国务院卫生行政部门审查，或者进口利用新的食品原料生产的食品或者进口食品添加剂新品种、食品相关产品新品种，未通过安全性评估；

（三）未遵守本法的规定出口食品；

（四）进口商在有关主管部门责令其依照本法规定召回进口的食品后，仍拒不召回。

违反本法规定，进口商未建立并遵守食品、食品添加剂进口和销售记录制度、境外出口商或者生产企业审核制度的，由出入境检验检疫机构依照本法第一百二十六条的规定给予处罚。

【比较说明】本法条与2009年版法条第八十九条基本吻合，但更明确具体，便于操作。如"提供虚假材料，进口不符合我国食品安全国家标准的食品、食品添加剂、食品相关产品"等，同时还规定对"进口商品未建立并遵守食品、食品添加剂进口和销售记录制度、境外出口商或生产企业审核制度的"加以处罚。

第一百三十条　违反本法规定，集中交易市场的开办者、柜台出租者、展销会的举办者允许未依法取得许可的食品经营者进入市场销售食品，或者未履行检查、报告等义务的，由县级以上人民政府食品药品监督管理部门责令改正，没收违法所得，并处五万元以上二十万元以下罚款；造成严重后果的，责令停业，直至由原发证部门吊销许可证；使消费者的合法权益受到损害的，应当与食品经营者承担连带责任。

食用农产品批发市场违反本法第六十四条规定的，依照前款规定承担责任。

【比较说明】本法条与2009年版法条第九十条基本相符，但是处罚力度大大加强。法律还明确了食用农产品批发市场违反本法第六十四条规定要承担的责任。

第一百三十一条　违反本法规定，网络食品交易第三方平台提供者未对入网食品经营者进行实名登记、审查许可证，或者未履行报告、停止提供网络交易平台服务等义务的，由县级以上人民政府食品药品监督管理部门责令改正，没收违法所得，并处五万元以上二十万元以下罚款；造成严重后果的，责令停业，直至由原发证部门吊销许可证；使消费者的合法权益受到损害的，应当与食品经营者承担连带责任。

消费者通过网络食品交易第三方平台购买食品，其合法权益受到损害的，可以向入网食品经营者或者食品生产者要求赔偿。网络食品交易第三方平台提供者不能提供入网食品经营者的真实名称、地址和有效联系方式的，由网络食品交易第三方平台提供者赔偿。网络食品交易第三方平台提供者赔偿后，有权向入网食品经营者或者食品生产者追偿。网络食品交易第三方平台提供者作出更有利于消费者承诺的，应当履行其承诺。

【比较说明】这是新增加的内容。特别就消费者通过网络食品交易第三方平台购买食品，其合法权益受到损害，如何寻求司法救济作了详细规定。

第一百三十二条　违反本法规定，未按要求进行食品贮存、运输和装卸的，由县级以上人民政府食品药品监督管理等部门按照各自职责分工责令改正，给予警告；拒不改正的，责令停产停业，并处一万元以上五万元以下罚款；情节严重的，吊销许可证。

【比较说明】本法条与2009年版法条第九十一条基本吻合，但惩罚力度大大加强。处罚包括警告、停业停产、罚款，甚至吊销许可证。

第一百三十三条　违反本法规定，拒绝、阻挠、干涉有关部门、机构及其工作人员依法开展食品安全监督检查、事故调查处理、风险监测和风险评估的，由有关主管部门按照各自职责分工责令停产停业，并处二千元以上五万元以下罚款；情节严重的，吊销许可证；构成违反治安管理行为的，由公安机关依法给予治安管理处罚。

违反本法规定，对举报人以解除、变更劳动合同或者其他方式打击报复的，应当依照有关法律的规定承担责任。

【比较说明】本法条是新增加的内容。集中对拒绝、阻挠、干涉有关部门、机构及其工作人员依法开展食品监督检查、事故调查处理、风险监测和风险评估应负的法律责任作了规定。

第一百三十四条　食品生产经营者在一年内累计三次因违反本法规定受到责令停产停业、吊销许可证以外处罚的，由食品药品监督管理部门责令停产停业，直至吊销许可证。

【比较说明】这是新增加的内容。对食品生产经营者一年内累计三次受到责令停产停业，吊销许可证以外处罚的，应责令停产停业，甚至吊销许可证，以防止出现大错误不犯，小错误不断的现象。

第一百三十五条　被吊销许可证的食品生产经营者及其法定代表人、直接负责的主管人员和其他直接责任人员自处罚决定作出之日起五年内不得申请食品生产经营许可，或者从事食品生产经营管理工作、担任食品生产经营企业食品安全管理人员。

因食品安全犯罪被判处有期徒刑以上刑罚的，终身不得从事食品生产经营管理工作，也不得担任食品生产经营企业食品安全管理人员。

食品生产经营者聘用人员违反前两款规定的，由县级以上人民政府食品药品监督管理部门吊销许可证。

【比较说明】这是新增加的内容。2009年版法条第九十二条、第九十三条的条款内容有所涉及。强调食品生产经营者聘用人员有前科的，由县级以上食品药品监管部门吊销许可证。

第一百三十六条 食品经营者履行了本法规定的进货查验等义务，有充分证据证明其不知道所采购的食品不符合食品安全标准，并能如实说明其进货来源的，可以免予处罚，但应当依法没收其不符合食品安全标准的食品；造成人身、财产或者其他损害的，依法承担赔偿责任。

【比较说明】这是新增加的内容。处罚也要实事求是，的确不知情并有充分证据证明者，可免予处罚。当然食品要没收，造成人身、财产或其他损害的，依法承担赔偿责任。

第一百三十七条 违反本法规定，承担食品安全风险监测、风险评估工作的技术机构、技术人员提供虚假监测、评估信息的，依法对技术机构直接负责的主管人员和技术人员给予撤职、开除处分；有执业资格的，由授予其资格的主管部门吊销执业证书。

【比较说明】这是新增加的内容。对提供虚假监测、评估信息的，依法对技术机构的主管人员、技术人员予以处分；有执业资格的，要吊销执业证书。

第一百三十八条 违反本法规定，食品检验机构、食品检验人员出具虚假检验报告的，由授予其资质的主管部门或者机构撤销该食品检验机构的检验资质，没收所收取的检验费用，并处检验费用五倍以上十倍以下罚款，检验费用不足一万元的，并处五万元以上十万元以下罚款；依法对食品检验机构直接负责的主管人员和食品检验人员给予撤职或者开除处分；导致发生重大食品安全事故的，对直接负责的主管人员和食品检验人员给予开除处分。

违反本法规定，受到开除处分的食品检验机构人员，自处分决定作出之日起十年内不得从事食品检验工作；因食品安全违法行为受到刑事处罚或者因出具虚假检验报告导致发生重大食品安全事故受到开除处分的食品检验机构人员，终身不得从事食品检验工作。食品检验机构聘用不得从事食品检验工作的人员的，由授予其资质的主管部门或者机构撤销该食品检验机构的检验资质。

食品检验机构出具虚假检验报告，使消费者的合法权益受到损害的，应当与食品生产经营者承担连带责任。

【比较说明】本法条是本法第一百三十七条的进一步扩展。除了给予相应人员严厉处分外，还强调"食品检验机构出具虚假报告，使消费者合法权益受到损害的，应当与食品生产经营者承担连带责任"。

第一百三十九条　违反本法规定，认证机构出具虚假认证结论，由认证认可监督管理部门没收所收取的认证费用，并处认证费用五倍以上十倍以下罚款，认证费用不足一万元的，并处五万元以上十万元以下罚款；情节严重的，责令停业，直至撤销认证机构批准文件，并向社会公布；对直接负责的主管人员和负有直接责任的认证人员，撤销其执业资格。

认证机构出具虚假认证结论，使消费者的合法权益受到损害的，应当与食品生产经营者承担连带责任。

【比较说明】本法条是上两个法条的再一次延伸。对违法的认证机构进行处罚，情节严重的，可责令停业，撤销主管人员和直接责任的认证人员执业资格。

第一百四十条　违反本法规定，在广告中对食品作虚假宣传，欺骗消费者，或者发布未取得批准文件、广告内容与批准文件不一致的保健食品广告的，依照《中华人民共和国广告法》的规定给予处罚。

广告经营者、发布者设计、制作、发布虚假食品广告，使消费者的合法权益受到损害的，应当与食品生产经营者承担连带责任。

社会团体或者其他组织、个人在虚假广告或者其他虚假宣传中向消费者推荐食品，使消费者的合法权益受到损害的，应当与食品生产经营者承担连带责任。

违反本法规定，食品药品监督管理等部门、食品检验机构、食品行业协会以广告或者其他形式向消费者推荐食品，消费者组织以收取费用或者其他牟取利益的方式向消费者推荐食品的，由有关主管部门没收违法所得，依法对直接负责的主管人员和其他直接责任人员给予记大过、降级或者撤职处分；情节严重的，给予开除处分。

对食品作虚假宣传且情节严重的，由省级以上人民政府食品药品监督管理部门决定暂停销售该食品，并向社会公布；仍然销售该食品的，由县级以上人民政府食品药品监督管理部门没收违法所得和违法销售的食品，并处二万元以上五万元以下罚款。

【比较说明】本法条与2009年版法条第九十四条大致相符，但是内容增加许多。说明党和政府对食品的虚假广告与宣传是零容忍的，相关人员与企业必须受到严厉处罚并负连带责任。

第一百四十一条　违反本法规定，编造、散布虚假食品安全信息，构成违反治安管理行为的，由公安机关依法给予治安管理处罚。

媒体编造、散布虚假食品安全信息的，由有关主管部门依法给予处罚，并对直接负责的主管人员和其他直接责任人员给予处分；使公民、法人或者其他组织的合法权益受到损害的，依法承担消除影响、恢复名誉、赔偿损失、赔礼道歉等民事责任。

【比较说明】这是新增加的内容。在当代社会，媒体的作用不容低估，因此政府对媒体也应严加管束。凡编造、散布虚假食品安全信息的必须承担法律责任，包括公民、法人或其他合法权益受到损害的，应为其消除影响、恢复名誉、赔偿损失、赔礼道歉。

第一百四十二条　违反本法规定，县级以上地方人民政府有下列行为之一的，对直接负责的主管人员和其他直接责任人员给予记大过处分；情节较重的，给予降级或者撤职处分；情节严重的，给予开除处分；造成严重后果的，其主要负责人还应当引咎辞职：

（一）对发生在本行政区域内的食品安全事故，未及时组织协调有关部门开展有效处置，造成不良影响或者损失；

（二）对本行政区域内涉及多环节的区域性食品安全问题，未及时组织整治，造成不良影响或者损失；

（三）隐瞒、谎报、缓报食品安全事故；

（四）本行政区域内发生特别重大食品安全事故，或者连续发生重大食品安全事故。

【比较说明】本法条与2009年版法条第九十五条大致吻合，但内容大幅增加，尤其明确了四种行为都要追究责任，有记大过、撤职、开除、主要负责人"引咎辞职"四种。

第一百四十三条　违反本法规定，县级以上地方人民政府有下列行为之一的，对直接负责的主管人员和其他直接责任人员给予警告、记过或者记大过处分；造成严重后果的，给予降级或者撤职处分：

（一）未确定有关部门的食品安全监督管理职责，未建立健全食品安全全程监督管理工作机制和信息共享机制，未落实食品安全监督管理责任制；

（二）未制定本行政区域的食品安全事故应急预案，或者发生食品安全事故后未按规定立即成立事故处置指挥机构、启动应急预案。

【比较说明】本法条与 2009 年版法条第九十五条大致吻合，且又是一百四十二条的延伸，涉及未落实食品安全监督管理责任制、未制定及必要时启动食品安全事故应急预案，都要追究政府相关人员的行政责任。

第一百四十四条 违反本法规定，县级以上人民政府食品药品监督管理、卫生行政、质量监督、农业行政等部门有下列行为之一的，对直接负责的主管人员和其他直接责任人员给予记大过处分；情节较重的，给予降级或者撤职处分；情节严重的，给予开除处分；造成严重后果的，其主要负责人还应当引咎辞职：

（一）隐瞒、谎报、缓报食品安全事故；

（二）未按规定查处食品安全事故，或者接到食品安全事故报告未及时处理，造成事故扩大或者蔓延；

（三）经食品安全风险评估得出食品、食品添加剂、食品相关产品不安全结论后，未及时采取相应措施，造成食品安全事故或者不良社会影响；

（四）对不符合条件的申请人准予许可，或者超越法定职权准予许可；

（五）不履行食品安全监督管理职责，导致发生食品安全事故。

【比较说明】本法条与 2009 年版法条第九十五条精神相符，内容有进一步扩展。对县级以上食品药品监督管理、卫生行政、质量监督、农业行政等部门有失职甚至渎职行为，导致发生食品安全事故或不良社会影响的，要严加追责。

第一百四十五条 违反本法规定，县级以上人民政府食品药品监督管理、卫生行政、质量监督、农业行政等部门有下列行为之一，造成不良后果的，对直接负责的主管人员和其他直接责任人员给予警告、记过或者记大过处分；情节较重的，给予降级或者撤职处分；情节严重的，给予开除处分：

（一）在获知有关食品安全信息后，未按规定向上级主管部门和本级人民政府报告，或者未按规定相互通报；

（二）未按规定公布食品安全信息；

（三）不履行法定职责，对查处食品安全违法行为不配合，或者滥用职权、玩忽职守、徇私舞弊。

【比较说明】本法条与 2009 年版法条第九十五条精神相符，但又作了扩展。涉及有关食品安全信息的处理，对查处食品安全违法行为不配合或者滥用职权、玩忽职守、徇私舞弊者应严加追责，进行处分直至开除公职。

第一百四十六条　食品药品监督管理、质量监督等部门在履行食品安全监督管理职责过程中，违法实施检查、强制等执法措施，给生产经营者造成损失的，应当依法予以赔偿，对直接负责的主管人员和其他直接责任人员依法给予处分。

【比较说明】本法条是第一百四十三条、第一百四十四条、第一百四十五条的再次延伸。涉及由于公职人员违法实施检查、强制等执法措施，给生产经营者造成损失应负的法律责任。

第一百四十七条　违反本法规定，造成人身、财产或者其他损害的，依法承担赔偿责任。生产经营者财产不足以同时承担民事赔偿责任和缴纳罚款、罚金时，先承担民事赔偿责任。

【比较说明】本法条是第一百四十三条、第一百四十四条、第一百四十五条的再次延伸，但是提出了一个新的执法原则，即"生产经营者财产不足以同时承担民事赔偿责任和缴纳罚款、罚金时，先承担民事责任"。过去往往是先"公"后"私"，如今反过来了，说明党和政府对公民人身、财产等合法权益的重视。

第一百四十八条　消费者因不符合食品安全标准的食品受到损害的，可以向经营者要求赔偿损失，也可以向生产者要求赔偿损失。接到消费者赔偿要求的生产经营者，应当实行首负责任制，先行赔付，不得推诿；属于生产者责任的，经营者赔偿后有权向生产者追偿；属于经营者责任的，生产者赔偿后有权向经营者追偿。

生产不符合食品安全标准的食品或者经营明知是不符合食品安全标准的食品，消费者除要求赔偿损失外，还可以向生产者或者经营者要求支付价款十倍或者损失三倍的赔偿金；增加赔偿的金额不足一千元的，为一千元。但是，食品的标签、说明书存在不影响食品安全且不会对消费者造成误导的瑕疵的除外。

【比较说明】本法条与2009年版法条第九十六条大致吻合。消费者因不符合食品安全标准的食品受到损害的，可以向经营者，也可向生产者要求赔偿损失，而且实行生产经营者首负责任制，不得推诿。

第一百四十九条　违反本法规定，构成犯罪的，依法追究刑事责任。

【比较说明】本法条与2009年版法条第九十八条完全吻合。

第十章　附则

第一百五十条　本法下列用语的含义：

食品，指各种供人食用或者饮用的成品和原料以及按照传统既是食品又是中药材的物品，但是不包括以治疗为目的的物品。

食品安全，指食品无毒、无害，符合应当有的营养要求，对人体健康不造成任何急性、亚急性或者慢性危害。

预包装食品，指预先定量包装或者制作在包装材料、容器中的食品。

食品添加剂，指为改善食品品质和色、香、味以及为防腐、保鲜和加工工艺的需要而加入食品中的人工合成或者天然物质，包括营养强化剂。

用于食品的包装材料和容器，指包装、盛放食品或者食品添加剂用的纸、竹、木、金属、搪瓷、陶瓷、塑料、橡胶、天然纤维、化学纤维、玻璃等制品和直接接触食品或者食品添加剂的涂料。

用于食品生产经营的工具、设备，指在食品或者食品添加剂生产、销售、使用过程中直接接触食品或者食品添加剂的机械、管道、传送带、容器、用具、餐具等。

用于食品的洗涤剂、消毒剂，指直接用于洗涤或者消毒食品、餐具、饮具以及直接接触食品的工具、设备或者食品包装材料和容器的物质。

食品保质期，指食品在标明的贮存条件下保持品质的期限。

食源性疾病，指食品中致病因素进入人体引起的感染性、中毒性等疾病，包括食物中毒。

食品安全事故，指食源性疾病、食品污染等源于食品，对人体健康有危害或者可能有危害的事故。

【比较说明】本法条与 2009 年版法条第九十九条完全吻合。

第一百五十一条　转基因食品和食盐的食品安全管理，本法未作规定的，适用其他法律、行政法规的规定。

【比较说明】这是新增加的内容。涉及对转基因食品和食盐的食品安全管理将适用其他法律、行政法规的规定。

第一百五十二条　铁路、民航运营中食品安全的管理办法由国务院食品药品监督管理部门会同国务院有关部门依照本法制定。

保健食品的具体管理办法由国务院食品药品监督管理部门依照本法制定。

食品相关产品生产活动的具体管理办法由国务院质量监督部门依照本法制定。

国境口岸食品的监督管理由出入境检验检疫机构依照本法以及有关法律、

行政法规的规定实施。

军队专用食品和自供食品的食品安全管理办法由中央军事委员会依照本法制定。

【比较说明】本法条个别内容在 2009 年版第一百零二条有所涉及，但大多数是新增加的内容。

第一百五十三条 国务院根据实际需要，可以对食品安全监督管理体制作出调整。

【比较说明】本法条与 2009 年版法条第一百零三条完全吻合。说明随着形势的变化，食品安全监督管理体制也将作出相应的调整。

第一百五十四条 本法自 2015 年 10 月 1 日起施行。

主要参考书目

[1]《党的十九大报告辅导》编写组 . 党的十九大报告辅导读本 [M]. 北京：人民出版社，2017.

[2] 王权典，主编 . 环境法 [M]. 北京：中国农业出版社，2017.

[3] 杨承运，主编 . 地球环境社会 [M]. 吴朔东，刘建波，韩宝幅，编 . 北京：高等教育出版社，2017.

[4] 张观发 . 食品安全培训教程 [M]. 郑州：河南科技出版社，2017.

[5] 张荣华，主编 . 奥秘世界 [M]. 北京：中国华侨出版社，2017.

[6] 中共中央宣传部 . 习近平总书记系列重要讲话读本（2016 年版）[M]. 北京：学习出版社，人民出版社，2016.

[7] 黎星辉，傅尚文，主编 . 有机茶生产大全 [M]. 北京：化学工业出版社，2012.

[8] 张仁庆，主编 . 低碳环保读本 [M]. 北京：经济日报出版社，2012.

[9] 孙宝国，主编 . 食品添加剂 [M]. 北京：化学工业出版社，2011.

[10] 汪劲 . 环境法学 [M]. 北京：北京大学出版社，2011.

[11] 杨力 . 讲环境养生 [M]. 沈阳：万卷出版公司，2010.

[12] 周珂 . 环境法 [M]. 北京：中国人民大学出版社，2005.

[13] [美] 罗伯特·黑森 . 千面地球 [M]. 王相哲，译 . 北京：北京大学出版社，2017.

[14] [以色列] 尤瓦尔·赫拉利 . 人类简史 [M]. 林俊宏，译 . 北京：中信出版社，2014.

[15] [美] 比尔·布莱森 . 万物简 [M]. 陈邕，译 . 北京：接力出版社，2005.

[16] [日] 江本胜 . 水知道答案 [M]. 李炜，译 . 天津：天津人民出版社，2004.